CPU
眼里的C/C++

阿布编程　著

清华大学出版社
北京

内 容 简 介

C/C++是当今最重要、最流行的编程语言之一，由于其出色的性能，在游戏、人工智能、高性能计算、物联网、嵌入式开发中，扮演着舍我其谁的角色。同时C/C++语言本身也是软件领域的神作，更是了解CPU、计算机系统、操作系统的钥匙。本书并不重复AI也能回答的C/C++语法知识，而是从CPU的视角，配合具体的实验环境，图文并茂地深入剖析其背后的运作机制和简洁的设计艺术，破除语法灰色、晦涩的地带，让读者眼中有代码，心中有指令，拥有一个涵盖代码、指令、CPU、内存的软、硬件图景。

全书共6章。第1章介绍本书所使用到的主要工具和一些预备知识；第2章解析最简单、常用的基础语法，帮助读者适应本书的节奏；第3章为进阶知识，会从CPU、操作系统的角度，深入分析函数的工作原理和实现细节；第4章解析经典的C++语法背后的实现逻辑，并介绍"面向对象"的编程思想及优缺点；第5章讨论跟操作系统强相关的软件技术，会将所有章节的内容贯穿起来，初步形成一个现代操作系统的运作模型；第6章会讨论一些经典的面试、笔试题，跟读者一起分享工作、学习、求职中的苦与乐。

本书可作为高等院校计算机、自动化及相关专业的本科生或研究生教材，也可供对C/C++工作原理、操纵系统感兴趣的研究人员和工程技术人员阅读参考。

图书在版编目（CIP）数据

CPU 眼里的 C/C++ / 阿布编程著 . —北京：清华大学出版社，2023.9（2024.11重印）
ISBN 978-7-302-64393-7

Ⅰ . ① C⋯　Ⅱ . ①阿⋯　Ⅲ . ① C 语言－程序设计　Ⅳ . ① TP312.8

中国国家版本馆 CIP 数据核字 (2023) 第 150655 号

责任编辑：杜　杨
封面设计：杨玉兰
版式设计：方加青
责任校对：徐俊伟
责任印制：沈　露

出版发行：清华大学出版社
　　　　网　　　址：https://www.tup.com.cn，https://www.wqxuetang.com
　　　　地　　　址：北京清华大学学研大厦 A 座　　　　　　邮　　编：100084
　　　　社 总 机：010-83470000　　　　　　　　　　　　邮　　购：010-62786544
　　　　投稿与读者服务：010-62776969，c-service@tup.tsinghua.edu.cn
　　　　质 量 反 馈：010-62772015，zhiliang@tup.tsinghua.edu.cn
印 装 者：北京联兴盛业印刷股份有限公司
经　　销：全国新华书店
开　　本：170mm×240mm　　　印　　张：15.25　　　字　　数：267 千字
版　　次：2023 年 9 月第 1 版　　　印　　次：2024 年 11 月第 4 次印刷
定　　价：89.00 元

产品编号：099543-01

　　非常高兴看到这本书的最终出版！作为作者在微软研发团队的前队友和经理，很荣幸受邀来写一点心得。阿布给我的印象是：视角独特，善于总结，四两拨千斤！这些特点也体现在本书的字里行间！

　　《CPU 眼里的 C/C++》用独特的底层视角，重新审视了编程的艺术（编程语言本身也是经典的软件产品）。全书没有讨论任何语法规则，而是尽量向读者展示一个完整的程序运行图景。程序代码将不再孤立存在，而是把 CPU、内存、操作系统充分考虑进去，还原真实的程序运行过程。阿布总是非常谦卑地以"没有用的知识"开头，但随着学习的深入，你会发现这些"没有用的知识"可以融会贯通，攻克很多模糊不清的知识难点，帮你顿悟许多计算机系统的经典设计。

　　在当前各种大语言模型横空出世，ChatGPT 已经可以掌握编程语法和规则的时代，这种不仅可以帮助读者 "知其所以然"，而且还结合作者在微软近十年工作经验，集思考和总结的书，就显得尤为可贵！这也是我认为当前迅猛发展的AI，尚且不能完全取代"人"的地方之一。

　　相信读完这本书后您一定会有所收获！也希望作者可以坚持创作，给读者带来更多作品！小涛终会成巨浪，阿布扬帆再启航！

微软 Windows 生态系统部，首席研发经理　王峰

在软件开发领域，深入理解编程语言的底层原理，不仅可以拓宽我们的视野，还能提高我们解决问题的能力。当前大量的底层系统软件都是构建在 C/C++ 语言之上，而这本《CPU 眼里的 C/C++》，正是为那些渴望探究编程语言深层原理的读者而作。感谢有这样一位才华横溢又喜欢探索的作者，将他多年的研究成果与心得分享给大家。

本书以独特的视角，从 CPU 能理解的汇编语言层面出发，深入剖析了 C/C++ 语言的各种语法规则和数据结构，帮助读者把抽象的高级语法和数据结构，具象地对应到机器指令上。尤其是书中关于 C++ 中比较难以理解的指针和函数调用，进行了图文并茂、深入细节的讲解，对读者深入理解编程语言原理具有极大的帮助。通过阅读本书，读者可以轻松掌握现代 CPU 和编译器如何实现 C/C++ 的基本功能，为进一步的深入学习打下坚实基础，并能运用所学的知识举一反三，理解和探究其他编程语言的实现原理。

《CPU 眼里的 C/C++》的另一个亮点在于大量的精美插图，它们生动地展示了 C/C++ 语言的程序代码与汇编指令之间的对应关系，使得读者在学习过程中，更容易理解抽象概念。此外，书中还对操作系统的一些基本概念进行了详细解释，包括虚拟内存的设计准则和实现原理，同时作者还分享了宝贵的心得见解，使得本书不仅能满足初学者的需求，还能为有志于深入研究操作系统底层知识的读者敲开入门的第一块砖。

在这个信息爆炸的时代，能理解编程语言的底层原理，是一种稀缺技能。通过阅读《CPU 眼里的 C/C++》，您将能够更加深入地理解编程语言的工作原理，并在此基础上提高自己的编程和调试能力。我衷心推荐这本书给那些对软件开发充满热情的读者们，相信它会给您带来意想不到的收获！

祝您阅读愉快！

微软首席软件开发工程师　谭添升
2023 年于雷德蒙德

如果把一个人看成一个小的文明，如何规划和培育你的知识树，在很大程度上决定着这个文明的兴衰，这一点对于程序员来说尤为重要。在过去的几十年里，计算机行业一直处于科技进步的前沿，新技术、新场景层出不穷：从分布式计算到云计算，从区块链到人工智能，从边缘计算到机器人。在资本洪流的冲刷下，你的知识树是能够扎稳根基随风起舞，还是被连根拔起无情抛弃，是每个程序员要认真考虑的问题。在这个被冯·诺依曼架构统治的时代，C/C++ 作为一个最接近于底层架构的高级语言，是程序员们扎稳知识树根基的一个优良选择。作为一个初级程序员，即使你对计算机的底层架构没有了解，你也可以完成很多任务。但是，随着职业生涯的发展，你会发现越来越多的挑战，一方面需要你具有更宏观的视野，另一方面则需要你可以穿透高层语言的封装，挖掘系统更深层次的潜力。花些时间，沉下心来，了解基本的计算机操作原理，数据结构和算法，是夯实你的知识树基础的必要投资。

随着生成式人工智能的爆炸式发展，技工型的程序员会面临越来越大的挑战。当越来越多的场景能够被客户直接以无代码的方式实现时，这些程序员的生存和发展空间会被不断压缩。在这个新时代下，如何把自己培养成一个有创造性的程序员，将是个体文明的一个决定性策略。打个比方：在过去数千年里，人类的炊具在不断进步，从陶器到铁器再到智能化的炊具，人类烹饪的方式在不断变化，但是不变的是一代代的大厨，在不停地追逐着色、香、味、意、形兼具的美食。把自己培养成软件大厨，还是炊具技师，决定着你在程序员之路上能走多远。技师是可以被替代的。当机器人能炒出配料、火候都精准无比的鱼香肉丝的时候，你亲手烹制的鱼香肉丝也就没那么香了。但是，机器人不能做的是根据食客和场合，调整烹饪的细节，为老饕加些辣，为长者少添糖，为盖饭或配酒调整芡汁，为不同地域的食客调整配菜，甚至整个菜谱……这些就是大厨和技师的区别。而要进入这随心所欲的自由世界，缺不了在必然世界的积累和历练。学习一款编程语言，并不是只要了解语言的语法，更是要体会用工具解决实际问题的方法。工具可以变，技法可以变，但是心法是可以传承的。程序员只有掌握了创造的技巧，人工智能才会成为一个助力的工具，而不是一个现实的威胁。在一个人人可以编码的时代，你的知识树根基才是你脱颖而出的优势。

说到解决实际问题，C/C++ 在很多领域都有着独特的优势。在边缘计算方面，C/C++ 的低需求、高性能和可控性，使得它成为一个嵌入式系统和实时系统上的得力开发工具，特别是在对系统资源、能耗和性能有着严苛要求的场景。在云计算方面，C/C++ 可以用来优化核心服务算法，从而降低运行成本。因为云的体量，1% 的性能提升，往往意味着数以百万美元计的成本差异。在人工智能领域，C/C++ 是很多高效能训练和推理系统的基石，特别是在 GPU 和定制硬件的分布式训练和推理方面。即使到了量子时代，C/C++ 仍然是量子计算和经典计算结合的利器。当然，我不是说 C/C++ 就是这些领域的不二选择。在边缘计算方面，Go、Rust 以及新兴的 Web Assembly 也有着强大的活力。在人工智能领域，Python 是很多程序员和研究人员的首选。在量子计算领域，有类似 Q# 和 Quipper 这样量子专属的编程语言。如今，越来越多的项目采用多语言开发，例如用 Node.js 写前端，用 C/C++ 写后端，用 Python 开发 AI 等。实际上，这些高级语言的基本结构和思维方式是十分类似的，例如面向对象的编程思想，堆栈、图、队列等数据结构和算法（除了一些量子算法），基于职责分离、松散耦合等设计模式都是共通的。学会了 C/C++ 的思想，再接触其他的语言，会发现其实并不难。

作为一个编码 36 年的老程序员，我见证了云计算的崛起、比特币的塌方、元宇宙的挣扎，也在窥探着普适计算和量子计算的曙光。很高兴受阿布之邀在这里分享一些心得与大家共勉。

微软软件架构师《云之禅》和《边缘计算与基于能力的架构》作者　白海石

2023 年春于里斯本

前　言
●

　　编程是进入计算机世界的大门，是人跟计算机交流的方式；很多时候，我们像学习一门外语一样学习编程语言，只要足够刻苦、耐心，熟背各种语法，都可以在短时间内写出精彩的程序。

　　但学的越多，似乎要记忆的东西也就越多；更要命的是，很多语法越来越玄幻，你心底是否有这样的疑问：难道CPU也需要知道这么多的语法规则吗？CPU是如何遵守这些连人都觉得十分诡异的程序规则的呢？

　　答案或许比你想象的要简单很多，CPU眼里并没有这么复杂的语法，它虽然拥有着飞快的运行速度，但却只能理解最简单的规则。这也就意味着：我们只需要了解这些简单的规则，就能真实、客观地还原程序运行原理，解释很多奇幻的语法规则，甚至理解黑客常用的攻击方法，从而编写出更加强壮、安全的代码。

　　在一次神农架的旅行中，汽车行进在浓密的原始森林中，同行的小学生问了我一个问题：神话故事是假的吗？思考了良久后，我回答：不确定神话是真的，但更不敢否定是假的。中国有大禹治水的故事，西方有诺亚方舟的神话，它们发生的时间相仿，描述的事情相近，我似乎找不到一个理由，去解释在那个通信落后、语言不通的时代，远隔万里的人类，为什么要合伙编一个故事来欺骗后世子孙？或许大洪水事件是真的，诺亚方舟也是真的，但受制于当时的科技、文化以及人类自身的进化水平，很难全面、清晰、深入本质地描述像大洪水这样的重大事件。或许这也是大洪水事件会有多个版本的原因。

　　这也正好像今天学习计算机的现状：开发者一边捧着标准教材，一边在网上寻找各种教程二次学习。大家似乎都在寻找一个更适合自己或者更加真实的版本。

虽然市面上很多大神的教程、书籍、视频已经把 C/C++ 的本质分析得很好了，而且各有见解，但似乎还是有一层窗户纸没有被捅破。虽然大神的书籍、教程、视频让人百看不厌，但观众仍然觉得心里没底。我们总是试图从人的视角解释程序的行为，迫切找到最权威、最重量级的解释，但似乎很少去从 CPU 的视角审视程序。

相比于破解遥远的神话故事，破解代码的运行原理就容易很多，在和大家的交流中，我发现很多大二的学生，已经具备一探究竟的能力，如果现在还不趁热打铁地一锤定音，那还要做多少道题、看多少教程、具备多少年的工作经验，才能自然进化到大彻大悟呢？而这也是本人最终下定决心编写本书的主要原因，我们已经具备了临门一脚的能力，一个及时的助攻是非常必要的。

当然，仅仅提供一个答案是缺乏科学精神的，如果不能让普通开发者重现、证实、证伪大神的"金玉良言"，那将非常遗憾，因为不可实践的工程技术，对工程师而言毫无意义；知识的解释权需要掌握在更多的开发者手里。

全书的所有章节，几乎全部基于最简单、最常见的代码，相信很多读者都曾经写过这样的代码。配合免费、公开、直观的工具，每一个读者都可以随时拆解、演绎其中的工作原理，让知识真正属于每一个读者。

最后，本书绝对不是否认其他计算机教程的正确性，相反，没有其他计算机教程的基础，想读懂本书，也不是一件容易的事情。本书只是换一个视角解读我们所熟知的知识。如果真有什么差异的话，可能只是视角上的差异。

作者

2023 年春

第 6 章　面试挑战

第 1 章　预备知识

阅 读 建 议

　　本章的内容，虽然是预备知识，但难度并不低，需要大家有较丰富的知识储备；虽然可能部分读者对这些知识，已经像对空气一样习以为常，但有时候，越常见的东西，越是知识的盲区。所以，大家要有一定的心理准备，本章所有的知识点，都不是一句话的事情，我们会呈现很多可能被你忽略的细节。

　　同时，如果大家在阅读的过程中感到吃力，可以选择性地放弃细节，先了解一个大概，做到心里有数就好。在完成"第 2 章基础语法"的学习后，再回头看看本章的内容，可能会对你有更大的启发。

　　最后，本章虽然涉及汇编语言，但我们并不要求读者熟悉或精通汇编语言。相反，由于每条汇编指令的意义都相对简单，在工具加持和源代码的提示下，90% 的汇编指令的含义，都可以直接猜出。

　　读者可以选择阅读 1.3 节"CPU 眼里的汇编语言"，快速掌握一点儿汇编语言的技巧，但并不要求在汇编语言上消耗更多的时间。因为有时候，明白为什么，比明白怎么做更重要。

　　我们鼓励大家跟着阿布，在学习 CPU 眼里的各种编程知识中，充分利用我们特定的编程场景，自然而然地领悟、熟悉所需的汇编语言；而不是过早地将自己淹没在不知所云的细节当中。祝阅读顺利！

1.1　工具介绍

● Compiler Explorer

工欲善其事，必先利其器，为了从 CPU 的视角审视代码，我们必须将平时写的代码，转变成 CPU 可以直接运行的机器语言，但我们不可能直接阅读 0101 这样的机器码，相反，我们会阅读、分析这些机器码对应的汇编指令，也叫 CPU 指令，即汇编语言。

虽然市面上已经有很强大的工具（例如：GCC、Visual Studio），都可以实现 C/C++ 语言到汇编语言的转换，但 Compiler Explorer 无疑是最具艺术创造性的。它能干净、整洁、一一对应地列出每行源代码对应的汇编指令，是真正能帮助开发者一眼就能找到有用信息的在线编译 / 反编译工具，可以扫描右侧二维码在线使用。

Compiler Explorer

夸张地说，阿布也是在亲身体验过这款工具后，才决定制作《CPU 眼里的编程知识》这个系列的视频。一个干净、清爽的工具，能最有效率地展现最关键的知识点，避免让读者迷失在细节的汪洋大海之中。

最后，Compiler Explorer 也是一个开源项目，可以扫描右侧二维码学习。

GitHub 链接

● 使用方法

耳听为虚，眼见为实。让我们实际体验一下 Compiler Explorer 的效果。先用浏览器打开 Compiler Explorer 的网址，然后编写一个最简单的 main 函数，如图 1-1、图 1-2 所示。

图 1-1

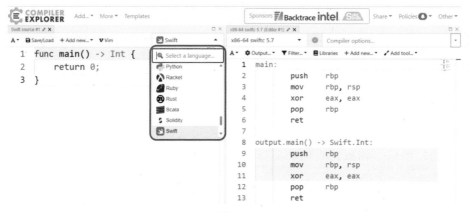

图 1-2

如图 1-1 所示，通过颜色的对应关系，我们一眼就能看出，左边的源代码 return 0，对应的 CPU 指令就是 mov eax，0。

我想此时，无须阿布多言，你都可以猜出，return 0 对应的 CPU 指令，是要把数值 0，写入寄存器 eax，而 eax 就是用来存放 main 函数的函数返回值的。

然而，Compiler Explorer 不仅仅可以呈现 C/C++ 语言的汇编指令，还能翻译出 RUST、GO、Swift、Python、Java 的汇编指令或字节码。

相信，当大家在学完本书后，也能用同样的方法，快速掌握其他编程语言背后的秘密。同时，Compiler Explorer 还支持某个编译器的不同版本，你可以选择自己需要的版本进行试验，如图 1-3 所示。

如果需要查阅机器码，还可以单击"Output Options"按钮，在下拉菜单中选择"Compile to binary"复选框，如图 1-4 所示。

这样，右边的窗口，不仅会显示汇编指令，还会附加显示对应的机器码和机器码存放的内存地址。如果需要修改编译选项，也可以单击 Compiler options 输入框，手动填写编译选项。

图 1-3

图 1-4

除了编译，Compiler Explorer 还提供了运行环境，只需在"Output Options"的下拉菜单中选择"Execute the code"复选框，就可以在 Output 窗口里面看到程序的输出结果。

● 总结

（1）Compiler Explorer 是一个非常优秀、简单、轻量的反编译工具，相比常规的编译软件，它更加直观、生动，能够快速定位任意一行源代码对应的汇编指令，十分便于大家了解、认识源代码背后的实现逻辑。

（2）再好的工具，也不能代替人去思考和洞察代码背后的逻辑。开发者的水平越高，越能发掘出工具的价值。

最后，在随后的学习中，我们将重复使用 Compiler Explorer，请大家跟随阿布的节奏，在实践中，不断熟悉这个工具，发挥工具的作用。

● 热点问题

Q1: 我可以用 Visual Studio 来查阅汇编代码吗？

A1: 当然可以！在使用 Compiler Explorer 之前，阿布也经常用 Visual Studio、GCC 来探究程序的运行原理和 Debug。大家根据自己的喜好，选择自己顺手的工具就好。

1.2 CPU 眼里的程序运行

● 提出问题

你可能编写过很多程序，但你知道自己的代码是如何运行起来的吗？或许你已经知道了标准答案，但也别急于盖棺定论。请跟随阿布一起，站在 CPU 的视角，一起感受一个真实、有趣的程序启动过程。

● 代码分析

打开 Compiler Explorer，定义一个全局变量 a；然后编写一个简单的 main 函数；定义一个局部变量 b；再申请一段内存，返回指针变量 C，并赋值为：0x11223344；最后，分别打印变量 a、b、c 和 main 函数的内存地址。让我们看一下，编译得到的可执行文件 a.out 的运行结果，如图 1-5 所示。

发现问题了吗？虽然 a、b、c 3 个变量，几乎是依次、连续定义的，但它们的内存地址却相隔很远！后面我们会解释原因，此时，我们只要记住运行结果就好：a、b、c 3 个变量和 main 函数，分别存储在 4 个不同的内存区域里面。

好了，代码写完了，a.out 也运行起来了。但代码跟这个可执行文件 a.out 又有什么关系呢？让我们打开 a.out 文件，再抽出右边的 CPU 指令，如图 1-6 所示。

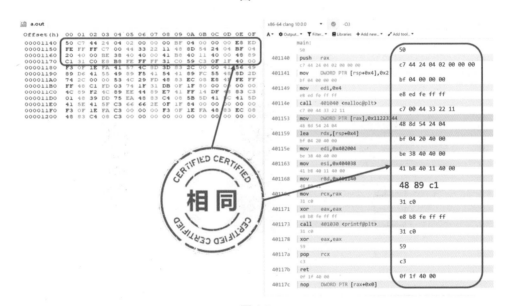

图 1-5

图 1-6

　　如你所见，所有的汇编指令，都可以在 a.out 文件中找到。不仅如此，甚至 password 也可以在 a.out 文件中找到，如图 1-7 所示。

```
🔲 a.out

Offset(h) 00 01 02 03 04 05 06 07 08 09 0A 0B 0C 0D 0E 0F

00001140 50 C7 44 24 04 02 00 00 00 BF 04 00 00 00 E8 ED
00001150 FE FF FF C7 00 44 33 22 11 48 8D 54 24 04 BF 04
00001160 20 40 00 BE 38 40 40 00 41 B8 40 11 40 00 48 89
00001170 C1 31 C0 E8 B8 FE FF FF 31 C0 59 C3 0F 1F 40 00
00001180 F3 0F 1E FA 41 57 4C 8D 3D 83 2C 00 00 41 56 49
00001190 89 D6 41 55 49 89 F5 41 54 41 89 FC 55 48 8D 2D
000011A0 74 2C 00 00 53 4C 29 FD 48 83 EC 08 E8 4F FE FF
000011B0 FF 48 C1 FD 03 74 1F 31 DB 0F 1F 80 00 00 00 00
000011C0 4C 89 F2 4C 89 EE 44 89 E7 41 FF 14 DF 48 83 C3
000011D0 01 48 39 DD 75 EA 48 83 C4 08 5B 5D 41 5C 41 5D
000011E0 41 5E 41 5F C3 66 66 2E 0F 1F 84 00 00 00 00 00
000011F0 F3 0F 1E FA C3 00 00 00 F3 0F 1E FA 48 83 EC 08
00001200 48 83 C4 08 C3 00 00 00 00 00 00 00 00 00 00 00

           00 00 00 00 00 00 00 00 00     F.@..........
           00 70 61 73 73 77 6F 72 64     .......password
           55 62 75 6E 74 75 20 39 2E     .GCC: (Ubuntu 9.
```

图 1-7

所以，千万不要把密码写到你的代码里面了。至此，我们已经完全可以信任 a.out 文件了，它存储着我们所写代码对应的 CPU 指令和数据。注意，CPU 是无法直接运行我们的 C/C++ 源代码的，它只能运行 CPU 指令，但 CPU 又怎么执行硬盘上的 a.out 文件呢？

不同于直接把 a.out 文件加载到真实的计算机内存里面。相反，现代操作系统会基于物理内存（Physical RAM）和内存管理单元（Memory Management Unit，MMU）协处理器，为给我们构建一个巨大的虚拟内存，如图 1-8 所示。

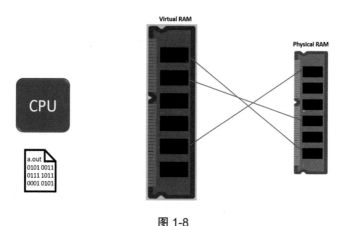

图 1-8

这可以帮助程序员编写出超越物理内存限制的代码，至于这些虚拟内存最终会被 MMU 映射到哪块真实的物理内存上这里并不做具体讨论，感兴趣的同学，可以参看 5.1 节"CPU 眼里的虚拟内存"。

万事俱备，现在可以把 a.out 文件从硬盘上加载到虚拟内存里面了，让我们再深入内存的内部，看看更多的细节，如图 1-9 所示。

Value	Address
int b = unkown int* c = unkown	0x7ffc3af352e4 (.stack)
unkhown	0x15c4eb0 (.heap)
int a[] = "password"	0x404038 (.data)
int main()	0x401140 (.text/code.)

图 1-9

如你所见，内存地址由低到高分别存放着 main 函数的 CPU 指令，我们称这个区域为"代码段"；随后的内存区域，存放着全局变量 a 的值，我们称这个区域为"数据段"；经过更长的一段距离后，来到 .heap 内存区域，在程序运行起来以后，会存储数值 0x11223344，我们称这个区域为"堆"（heap）。

而在最上面的内存区域 .stack，则存放着变量 b 和 c 的值，没错，这个区域就是我们常说的"堆栈"（stack）。不过，由于程序还没有运行起来，变量 b 和 c 的值，还没有被 main 函数赋值，因此，它们现在的值可能是随机的。

至此，我们的程序加载过程就基本完成了。但尽管完成了程序的加载，我们的程序依旧没有运行机会。为此，操作系统还会为我们的程序建立一个叫作"进程"的数据结构，并存储在特定的内存区域里面。其中决定程序运行的信息就是：线程的"上下文"。

简单地说，"上下文"就是 CPU 的寄存器状态，详情可以参看：5.8 节"CPU 眼里的上下文"，简单起见，我们就让 rip 寄存器值等于 main 函数的首地址，如图 1-10 所示。

图 1-10

这样，一旦操作系统进行任务调度，让我们的进程得以执行时，rip 寄存器，就会引导 CPU 去执行 a.out 文件里面的 main 函数，如图 1-11 所示。

图 1-11

至此，代码的编译、加载、运行，全部完成！

● 总结

　　（1）程序的源代码，在经过编译后，会根据源代码的意义分析出代码、数据等信息，存放在可执行文件上；如果不加调试信息的话，变量和函数的名称是不需要存储的。

　　（2）当计算机加载可执行文件的时候，会把代码、数据从可执行文件拷贝到不同的内存区域里面；同时，也会分配"堆"和"堆栈"的内存区域，但在程序运行之前，"堆"和"堆栈"里面的内容是不确定的。

　　（3）"堆"和"堆栈"之间有着巨大的内存空白，这让"堆"和"堆栈"有了充分的生长空间，虽然看上去非常浪费（如图 1-12 所示），但那

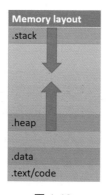

图 1-12

仅仅是虚拟内存视角上的空白，只有在真正读写这段内存时，操作系统才会为其映射真正的物理内存，而且是用多少，映射多少。

● 热点问题

Q1: 既然"堆"和"堆栈"都是在程序运行时，程序用到多少，就会分配多少。那会不会随着程序的运行，可执行程序 .exe 所占据的内存会越来越大？

A1: 是的，可执行程序 .exe 在运行的时候，内存确实有不断增大的风险。风险 1：内存泄露，不断地通过 malloc/new 在"堆"上申请内存，但不释放。风险 2：函数递归调用，随着调用深度不断加深，"堆栈"也被不断地消耗，直至"堆栈"溢出，程序崩溃（因为操作系统一般不会任由"堆栈"无限制地消耗下去）。如果你注意看自己的 Windows 任务管理器的话，几乎所有的程序所占据的内存都是变化的，如图 1-13 所示。

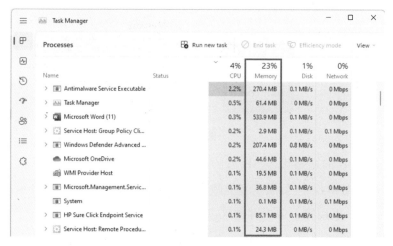

图 1-13

Q2: 为什么没有 BSS 段？为什么需要 BSS 段？

A2: 简单起见，这里没有对数据段做更多的细分。BSS 段也叫未初始化的数据段，代码中没有初始化的全局变量、静态变量会被存储在这个区域，在程序运行的时候，它们的值会被统一设置成 0。因为这些数据不需要存储初值，所以可以节省 .exe 文件的大小，对于嵌入式系统而言，则可以节省 ROM 的空间。

1.3 CPU 眼里的汇编语言

● 汇编语言是必需的吗？

尽管本书，并不要求大家具备汇编语言的知识，但考虑到内容的完整性，最终还是增加了这个章节。也希望借此机会帮助大家消除一些对"汇编语言"不必要的敬畏，同时，分享一下自己对学习、使用汇编语言的一点点看法。

● 代码分析

打开 Compiler Explorer，写一个简单的自加函数，如图 1-14 所示。

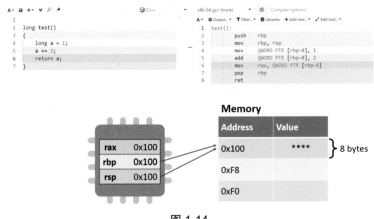

图 1-14

下边是 CPU 的初始状态，所有的寄存器初始值都是 0x100。

其中寄存器 rax，一般用来存放数值，有点类似 C 语言的普通变量；而寄存器 rbp，rsp，一般用来存放内存地址，有点类似 C 语言的指针变量。

线程往往通过调用函数来运行，因此，必须要有一个"堆栈"，用来存储临时变量和函数返回地址，所以"堆栈"内存是必不可少的。而 rbp、rsp 寄存器，就是用来管理、读写"堆栈"内存的。我们还会在 3.2 节"CPU 眼里的函数括号 {}"中，详细分析"堆栈"。

首先看函数 { 对应的汇编指令：push，千万不要被这个熟悉、亲切的名字迷惑。这是典型的复杂指令，无数同学被它直接劝退，如图 1-15 所示。

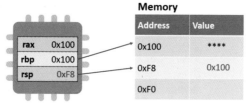

图 1-15

push 对应了两个微操作：

（1）先将寄存器 rbp 的值，存放在"栈顶"寄存器 rsp 指向的内存下方。

（2）随着"栈顶"向低生长，也就是让 rsp 寄存器的值减 8。

随后是一个简单的 mov 指令，把寄存器 rsp 的值赋给寄存器 rbp，如图 1-16 所示。

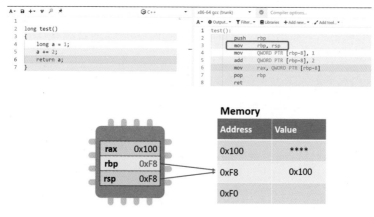

图 1-16

至此，函数的栈帧保护工作完成，更详细的栈帧工作原理请参看 3.2 节"CPU 眼里的函数括号 {}"。

接着，是一个比较复杂的 mov 指令，如图 1-17 所示。

但通过参考源代码，我们很容易猜出它是要把数值 1，写入到变量 a 所在的内存。

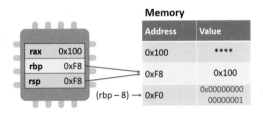

图 1-17

用于写入的 mov 指令和数值 1 都很容易找到，但变量 a 的内存地址，就显得颇为复杂。不过 PTR 关键字显然在提示我们：这是一个指针操作，再加上 rbp 本身就是类似指针变量的寄存器。

所以，它对应的 C 语言，是这样的：*(rbp－8) = 1。

变量 a 的内存地址等于寄存器 rbp 的值减 8；而中括号，就相当于指针变量的 * 操作；QWORD 是指针类型，表明数值 1 将占用 8 字节长度。

你是不是也从中看到了 C 语言的影子？所以说 C 语言是最接近底层的高级语言，真的一点儿都不过分。同样，相比于精简指令集，复杂指令集对程序员而言，也更加接近 C 语言。

好了，如果此时，你还能跟上阿布的节奏，那么恭喜你！因为，这就是本书中，最难的汇编语言了。后面的学习将轻松不少。

让我们接着进行自加运算，如图 1-18 所示。

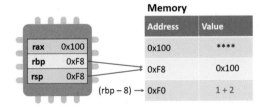

图 1-18

这种带 PTR 和 [] 的 add 指令，也有两个微操作，它们对应的 C 语言是这样的：*(rbp − 8) = *(rbp − 8) + 2。

● 首先，用指针的 * 读操作，获得变量 a 的值，并与 2 做加法运算；
● 其次，把加法运算的结果，通过指针的 * 写操作，写入变量 a 所在的内存。

随后的 mov 指令，同样是一个带 PTR 和 [] 的指令，分析的方法，跟上面的 mov 指令一致，如图 1-19 所示。

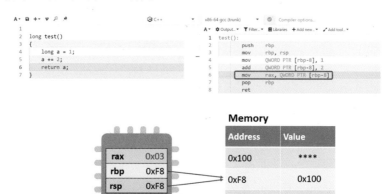

图 1-19

它对应的 C 语言是这样的：rax = *(rbp − 8)。

只是不同于上面的 mov 指令，是一个写内存的操作；这次则是把变量 a 的值从内存中读出来，并写入到寄存器 rax 里面。

或许，你会纳闷为什么普通变量操作，背后也弄得跟"指针"一样？在 CPU 眼里的万物皆有地址，万物皆可指针。指针变量，跟普通变量并无本质区别，如果此时参看 2.5 节"CPU 眼里的指针本质和风险"，你可能会有更多感悟。

最后，就是 push 的反向操作 pop，如图 1-20 所示。

它也对应了两个微操作：

（1）把寄存器 rsp 指向的"栈顶"值 0x100，写入寄存器 rbp。

（2）随着"栈顶"的升高，rsp 寄存器的值，也随之加 8。

至此，整个代码基本走完，除了用于作返回值的寄存器 rax；所有寄存器，都恢复到了刚开始的状况，就像 test 函数从未被调用一样。

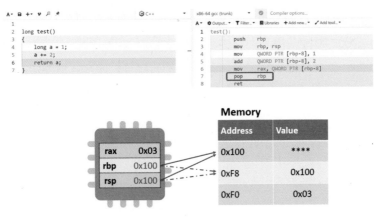

图 1-20

● 思考

或许，本章是本书中最乏味的一章。因为，在没有结合编译器意图的情况下，单独讨论每条汇编指令，是非常乏味的！

不知道读者里面，有没有在工地干过的工友？很多宏伟、漂亮的房子，在真正施工的时候，不过是在重复搭钢筋、倒水泥；再搭钢筋、再倒水泥的过程。而 CPU 也是如此，我们不过是把数据，在寄存器和内存之间，搬来搬去。

或许，本节也是全书中最具洞察力的一节。经过粗略的统计，我们发现为了做 1 次简单的 +2 运算，居然产生了（至少）5 次的内存读写，内存读写的占比高达 83%！

虽然，经过编译器优化后，一些没有必要的内存读写指令，会被优化掉。但对于复杂程序，其内存的读写总量，仍然不容小觑！有些机构给出的结论显示：CPU 的内存读写，占据了 CPU 90% 的工作负荷。

这也是为什么苹果的 M 系列 CPU，在没有显著提高 CPU 核心频率的情况下，也能产生秒杀同类的炸裂性能，因为它着重优化了 CPU 读、写内存的效率。

● 总结

（1）虽然完整的 CPU 寄存器和指令集比较庞大。但编译器只会用到很小的一部分，而且使用的套路也很单一。一旦克服恐惧心理，就很容易掌握。

（2）C/C++ 语言对应的汇编指令存在大量的类似"指针"的操作，我们也叫它寄存器间接寻址。夸张地说"指针"不仅是 C 语言的灵魂，也是汇编语言的灵魂。

（3）相比于精简指令集，复杂指令集对程序员而言，更加接近 C 语言。在那个只有汇编语言的年代，复杂指令集，十分有助于提高编程效率。

最后，作为普通程序员，我们直接使用汇编语言编程的可能性几乎为零。在今天，汇编语言，也不是大规模软件开发的首选。所以，很多时候，我们并不需要成为汇编语言的专家。

阿布认为，普通开发者学习汇编语言，最好要结合特定、必要的场景。例如，我们可以用 CPU 视角，解读出一个真实的程序运行过程；或帮助我们调试、解决一些无法在语言层面表现出来的 bug。

● 热点问题

Q1：寄存器 eax 和寄存器 rax 有什么区别？

A1：寄存器 eax 是 32 位的 x86 CPU 的寄存器，如今的 x86 CPU 多是 64 位的，其对应的寄存器是 rax，eax 只是 rax 的低 32 位而已。

Q2：不精通汇编语言，等于白学编程语言了？

A2：当然不是。对于学习 C/C++ 这种相对接近底层的语言，它对应的汇编语言还是比较简单、易懂的，完全不需要你精通汇编语言。同时，一些新的编程语言，例如 RUST、SWIFT，编译器对代码封装得比较厉害，就不容易通过对应的汇编指令，了解语言的实现细节了。

而且有些语言，例如 Java、JavaScript 对应的是字节码，并没有汇编指令可以参考，但这并不妨碍大家掌握它们。

第 2 章　基础语法

阅 读 建 议

好了，做好了前面的铺垫，暂时不用理会那些还没完全明白的"预备知识"。让我们开始真正的学习吧。

该章节内容比较简单，使用的代码，都是大家非常熟悉的简单代码；但同时也是非常重要的章节，因为我们将开启完全不同的学习、实践模式。

我们不再用语法、规章制度来定义或引导大家来背诵、理解语法规则，甚至不会用举例、类比的方式，帮助大家理解抽象语法规则。而是直接用 CPU 的视角，展示代码背后的 CPU 操作，还原一个真实的程序过程。

所以，请把自己想象成一个由世界上最慢的 CPU、内存组成的计算机系统。我们只是在盲目、机械地执行各种 CPU 指令。跟随本书的节奏，去发现这些 CPU 指令背后的奇思妙想。

大家也可以一边学习本书的内容，一边对比各种教程或网上的学习资料，看看本章节所展示的知识，跟这些教程有什么内在联系？

死记硬背，对本章节的学习，几乎没有任何意义。思考，哪怕是得出错误结果的思考，都是掌握本书知识的关键。祝阅读顺利！

2.1　CPU 眼里的 main 函数

● 提出问题

　　请问，编程的时候，什么函数是不可或缺的？你的答案很可能是主函数，也就是 main 函数。今天我们将从 CPU 的视角，挑战一下这个答案。

● 代码分析

　　打开 Compiler Explorer，让我们先写一个世界上最简单的 main 函数；接着，我们再写一个世界上最简单的普通函数：

```
int main()
{
    return 0;
}

int func()
{
    return 0;
}
```

　　接着，让我们查看一下代码对应的汇编指令，如图 2-1 所示。注意：请不要理会每条 CPU 指令的具体含义，我们只对比 main 函数与普通函数的 CPU 指令差异。

　　很显然，它们是完全相同的！所以说，从函数的实现上看，main 函数与普通函数没有任何区别。能让 main 函数成为程序起点的一定另有原因。试想一下，如果普通函数，也能成为程序的起点，是不是 main 函数就跟普通函数完全一样了呢？

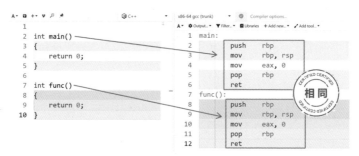

图 2-1

让我们编写一个最简单的 hello world 程序（源文件名：test.c）：

```
void func()
{
    printf("hello world\n");
    exit(0);
}
```

然后用 GCC 编译一下，如图 2-2 所示。

图 2-2

不出所料：链接错误，找不到 main 函数！让我们修改一下编译选项，通过设置 -efunc 给它指定一个程序起点，即函数 func，如图 2-3 所示。

图 2-3

好了，不仅编译通过，运行也成功了！

当然，除了 GCC，很多嵌入式平台，都可以在代码中指定 C 程序的起点。以最常见的 STM32 为例，专门有一个汇编文件，用于系统初始化。在做完堆栈、中断向量表和硬件初始化后，就会跳转到 main 函数中执行应用程序。同样，你可以把 main 改成任何名字（whatever）你的程序都可以顺利运行，如图 2-4 所示。

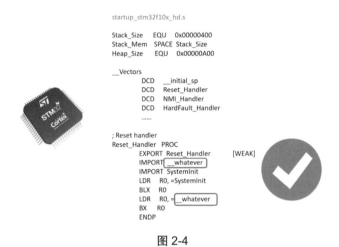

图 2-4

● 总结

　　（1）CPU 面前，函数没有主次之分，main 函数的实现方法，跟普通函数完全相同。

　　（2）main 函数是很多程序的默认起点，但绝不是非它不可，任何函数，都可以被设置成程序的起点。

● 热点问题

Q1：在指定函数入口的时候，为什么要设置 -nostartfiles？

A1：用来告诉编译器 GCC：这次编译链接中，不需要使用系统的标准启动文件。从而保证 GCC 不再把 main 函数当作程序的入口而刻意寻找它。

Q2：函数中，如果不调用 exit()，为什么会产生 segmentation fault？

A2：该问题是由于上面的问题 Q1 导致的，因为没有使用系统的标准启动文件，所以，不仅起始函数需要自己指定，甚至程序的结束、收尾工作，也需要自己来安排，否则就可能产生 segmentation fault！

Q3：为什么没有提到带参数的 main 函数 int main (int argc, char *argv[])？

A3: 简单起见，我们只讨论了没带参数的 main 函数。函数的参数问题，是一个独立的话题，涉及参数传递和接收的双方。我们会在 3.1 节 "CPU 眼里的参数传递" 详细讨论。

2.2　CPU 眼里的变量

● 提出问题

变量，几乎是所有编程语言的基本元素，变量读写，更是所有程序员的常规操作。但你知道 CPU 是如何读写变量的吗？今天，让我们用 CPU 的视角，重新认识一下变量。

● 认识内存

为了说明这个问题，我们首先要看一眼内存。

一般来说，无论是什么型号的内存，它们的 "金手指" 连接线都存在两类重要的信号线：数据信号线和地址信号线。顾名思义，数据信号线用来在计算机和内存之间传递数据信息。例如 CPU 在读、写内存的时候，具体读写的数据内容，就是依靠数据信号线来传递的。

但我们往往会忽视一点：在我们读、写数据之前，都必须明确地告诉内存，我们要在哪块内存地址读、写数据。内存那么大，你要写哪里？所以内存地址是一切内存读、写的前提。

而且内存地址本身也是十分敏感、宝贵的数据信息，我们常用的指针变量，就专门用来保存内存地址。

所以，未来我们再提到内存的时候，大家脑海的画面可以如图 2-5 所示。

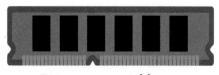

Data　　　　**Address**

图 2-5

如图 2-6 所示，右边是内存的存储单元，用来存放各种数据；左边则是用来指示其存储单元位置的内存地址。

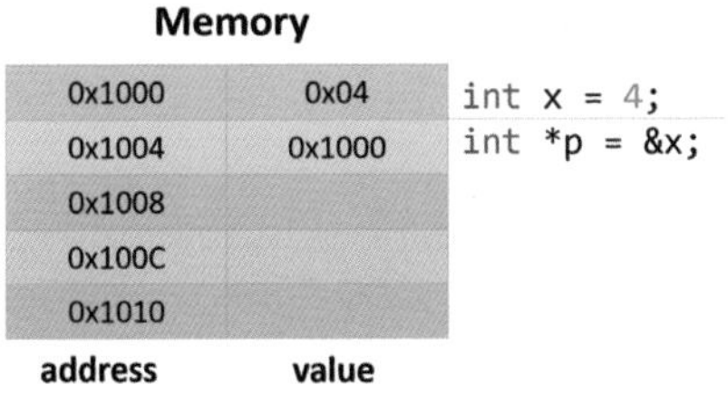

Memory

address	value	
0x1000	0x04	int x = 4;
0x1004	0x1000	int *p = &x;
0x1008		
0x100C		
0x1010		

图 2-6

例如，我们可以把数值 4，存储在内存地址 0x1000 处，变量 x 也就是内存地址 0x1000 的别名，为内存地址起一个名字 x，会便于程序员记忆和使用。

当然，我们也可以把变量 x 的内存地址值 0x1000，存储在内存地址：0x1004 处，p 也就是内存地址 0x1004 的别名。为了不让我们过早地陷入对"指针"的讨论，我们就此打住。

● 代码分析

好了，让我们再看看 CPU 层面的证据吧。打开 Compiler Explorer，定义一个全局变量 a，然后，写一个最简单的写操作函数：

```cpp
int a;
void write()
{
    a = 1;
}
```

让我们看一下写操作对应的汇编指令，如图 2-7 所示。

图 2-7

因为只有一条指令，所以很容易猜出：这是要把 1 放到变量 a 所在的内存里面，内存地址应该就是方括号里面的值：rip + 0x2f18。

由于指令集的原因，CPU 不可以直接访问内存地址！只能通过寄存器配合方括号，间接访问内存。根据 CPU 指令手册：rip 寄存器存放着 CPU 下一条指令的地址，如图 2-8 所示。

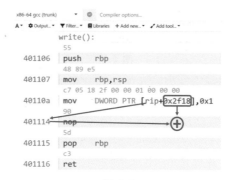

图 2-8

所以，变量 a 的内存地址就是：0x401114 + 0x2f18 = 0x40402c。其中，0x2f18 是 rip 寄存器相对于变量 a 所在内存地址的偏移量。

正如变量的定义所说：变量不过是内存地址的别名！让我们多写几个变量看看，如图 2-9 所示。

图 2-9

通过类似的方法，我们可以分析出：a、b、c 的内存地址分别是 0x40402c、0x404030、0x404034。它们两两相隔 4 字节，说明了 int 类型的变量占据了 4 字节的内存空间。

如果我们把 int 改成 short，它们就两两相隔 2 字节，因为 short 类型的变量占据了 2 字节的内存空间，如图 2-10 所示。

图 2-10

同理，你会看到 char 类型的变量，会占据了 1 字节的内存空间，如图 2-11 所示。

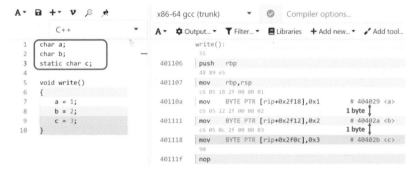

图 2-11

需要注意的是：在代码编译并完成加载后，所有 CPU 指令的内存地址就是固定的，同时每条写指令中的偏移值也是固定的，所以，这里的全局变量和静态变量 a、b、c 的内存地址，在程序的整个运行过程中都是不变的。而栈变量的内存地址，则会随着程序的运行而变化，详细的原因，我们会在后面的章节中继续讨论。

● 总结

（1）每一个变量都对应了一个内存地址；变量的类型则决定了它占用内存空间的长度。

（2）CPU（x86 为例）往往通过 MOV 指令，对变量进行读、写操作。为了保证内存读、写的成功，我们需要为其传递数据内容和用于存储内容的内存地址。当然不同的 CPU，有着不同的指令集，但一个类 MOV 的读、写内存的 CPU 指令，往往是不可或缺的。

（3）全局变量、静态变量对应的内存地址是全局唯一的，不会随程序的运行而变化。至于函数内部的临时变量（也叫栈变量）的位置相对飘忽，我们后面还会详细解释它的工作原理。

● 热点问题

Q1: 在 CPU 眼里，是不是就没有"变量"的说法？

A1: 是的，CPU 眼里只有内存地址，没有变量的概念；但"变量名"可以用来帮助程序员记忆、标识某段内存地址。就像域名 www.baidu.com 是 IP 地址 202.108.22.5 的别名一样，域名只是为了方便人记忆；而 IP 地址才是数据包的导航依据。

Q2: 如果用一个指针变量指向变量 a，然后加上偏移量，是不是就可以得到后边的变量 b、c 的值？

A2: 是的！知道了变量的内存地址，就可以进行变量的读、写操作了。而指针的 * 操作，正好就可以进行内存的读、写操作。

Q3: 代码编译成二进制文件后，代码中的变量名 a、b、c 这 3 个字符，存放在二进制文件的哪个位置？

A3: 如你所见，代码对应的 CPU 指令中，并不需要变量名 a、b、c。所以，编译好的二进制文件，一般也不会有 a、b、c 这 3 个字符，它们不过是 3 个内存地址的别名，用来增加代码的可读性。如果不需要调试信息的话，变量名是不会被存储下来的，在编译好的二进制文件里面，变量名已经变成二进制数了。

2.3　CPU 眼里的 goto、if…else

● 提出问题

相信每一个程序员在入行的时候，都纳过"投名状"：保证自己永远不用 goto 编写任何代码。确实在今天的软件代码中，已经很少看见 goto 了。但 goto

真的消失了吗？可能恰恰相反，它只是换了一种形式存在而已。

● goto代码分析

打开 Compiler Explorer，让我们写一个世界上最简单的 for 循环，然后再用 goto 写一个 for 循环，如图 2-12 所示。

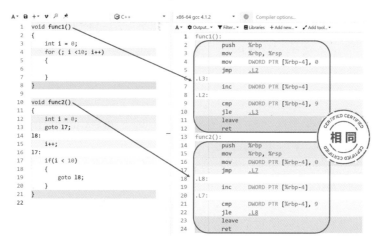

图 2-12

这不是开玩笑，这是如假包换的 for 循环，老规矩，你不用考虑每条 CPU 指令的具体含义，我们只比较两个函数的 CPU 指令是否相同。如你所见，两个函数不仅功能完全一致，汇编指令也完全相同。

让我们再看看 goto 对应的汇编指令，如图 2-13 所示。

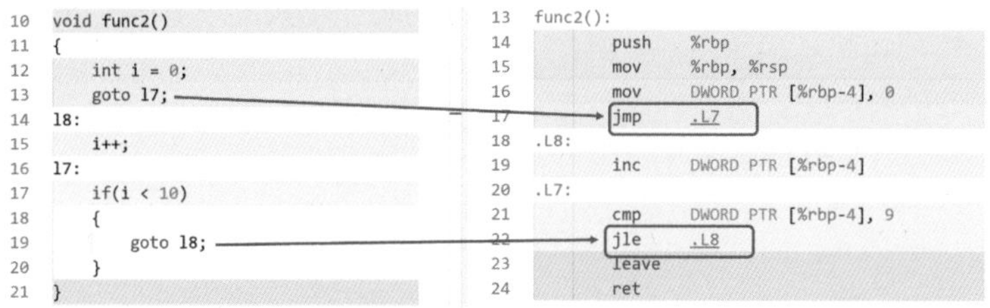

图 2-13

如你所见，在无条件跳转的情况下，goto 对应了 jmp（也称 jump）指令，而在需要判定是否跳转的时候，goto 则对应了 jle、jng、jne 等指令。

简单起见，我们先讨论 jmp 指令。jmp 指令可能是最简单、最强大的 CPU 指令了，它用来改变 CPU 指令的执行位置。通常情况下，CPU 都是顺序执行的，一条指令执行完，再执行下一条指令。而遇到 jmp 指令后，CPU 就会跳转到被指定的位置继续执行，如图 2-14 所示。

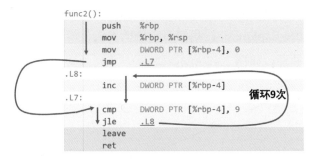

图 2-14

这种需要改变程序执行顺序的语句很多。例如 for、while、if else、switch，我们完全可以用 goto 实现相同的功能。

● if…else代码分析

参照 for 循环的思路。我们先写一个世界上最简单的 if…else 函数，然后再用 goto 写一个类似的函数，如图 2-15 所示。

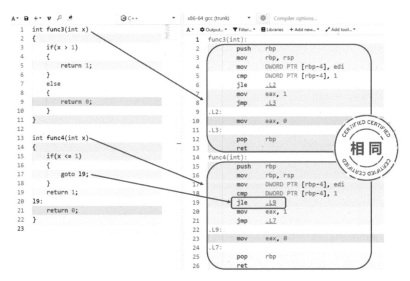

图 2-15

如你所见，不考虑每条 CPU 指令的具体含义，我们会发现两种方式下的 CPU 指令完全相同！所以，至少在 CPU 眼里看来，它们是无差别的。

只是这里的 goto 对应的 CPU 指令是 jle，意思是在执行前面的 cmp 指令时，如果 x 小于或等于 1 的条件成立的话，CPU 就跳转到 L9 处（22 行）。

使用同样的方法，我们也可以分析 while、switch 等语法规则背后的实现细节。这里就不一一陈述了。

● goto的风险和应用

goto 的风险，相信大家从它对应的 CPU 指令也能看出来，这种跳转有时候不会搭配严密的逻辑，显得非常随性，一旦 goto 的数量变多，就很难厘清程序的逻辑了，十分不便于开发者的阅读。

另外，goto 很容易形成 while、for 循环和 if…else、switch 等分支语句的效果。所以很容易在不经意间，给自己造出了一个死循环或匪夷所思的跳转。

那么 goto 是不是就一无是处了呢？那也未必！聪明地使用 goto 有时候能够有效地减少函数内部的嵌套，让函数更加简洁、易读，如图 2-16 所示。

```c
int function(char* buffer)
{
    if(wifi)
    {
        if(login)
        {
            if(admin)
            {
                doSomething();
            }
            else
            {
                free(buffer);
                debugPrint("must be an admin");
                return -1;
            }
        }
        else
        {
            free(buffer);
            debugPrint("must login");
            return -2;
        }
    }
    else
    {
        free(buffer);
        debugPrint("must be connected");
        return -3;
    }
}
```

```c
int function(char* buffer)
{
    int error = 0;

    if(!wifi)
    {
        debugPrint("must be connected");
        error = -1;
        goto error_handle;
    }

    if(!login)
    {
        debugPrint("must login");
        error = -2;
        goto error_handle;
    }

    if(!admin)
    {
        debugPrint("must be an admin");
        error = -3;
        goto error_handle;
    }

    doSomething();

error_handle:
    free(buffer);
    return error;
}
```

图 2-16

相信你一定看过左边的代码吧，这一堆 if…else 足够让人的脑回路彻底瘫痪。但你再看看右边的代码，是不是特别清晰呢？其实它们的逻辑是完全一致的！不同的是右边的代码利用了 goto 语句，将代码逻辑整合成了一个个分散、顺序的小块，不仅简化了代码逻辑，也让代码更容易维护，是不是一举多得呢？

> **● 总结**
>
> （1）程序在需要跳转的时候，往往都存在一个 goto 语句，虽然代码上看不到 goto，但编译器已经生成了 goto 对应的 CPU 指令。
>
> （2）goto 作为代码的重要技巧，有时候也有其独特的优势，完全禁止程序员使用，或许有点武断。
>
> （3）只有真正明白 goto 的意义和风险，我们才可以对其充分利用，扬长避短。

● 热点问题

Q1: goto 有什么经典的使用案例吗？

A1: Linux 内核中常用 goto 处理异常。例如，在检查到参数异常或函数返回值异常时，就会直接 goto 到 error 处理的代码，随后再做函数返回。这有点像简化的 try catch。

Q2: 既然 goto 有这么多问题，它为什么会出现呢？

A2: 这又是一个历史问题，在很早前没有 while、for 循环语句，没有 if…else、switch 等分支语句时，goto 能很轻松地完成相应的功能，所以，在那个时候 goto 是有存在意义的。不过今天，在各种循环、分支语句比较完善的情况下，再使用 goto 就显得代价过大了。

2.4　CPU 眼里的指针变量

● 提出问题

C/C++ 语言，什么最难？答案十有八九是指针，如果没有"指针"的话，C 语言可能是一门让人十分舒适的编程语言。你有多害怕指针，可能就说明你对指针有多大的误解。也有人说：指针是 C/C++ 的标志，更是 C/C++ 的灵魂。那是什么让指针难以理解呢？让我们用 CPU 的视角，解读它背后的秘密。

● 指针变量

让我们写几个最简单的变量赋值函数：

```
void func1()
{
    long a;
    a = 0;
}
void func2()
{
    char* a;        //指向char变量的指针
    a = 0;
}
void func3()
{
    short* a;       //指向short变量的指针
    a = 0;
}
void func4()
{
    int (*a)[3];    //指向数组的指针
    a = 0;
}
void func5()
{
    int **a;        //指向指针的指针
    a = 0;
}
```

func1 定义了一个普通变量，并写入 0；func2 定义了一个 char 类型的指针变量，并写入 0；func3 定义了一个 short 类型的指针变量，并写入 0（也称定义一个指针变量，让它指向内存地址 0）；func4 定义了一个数组类型的指针变量（也叫数组指针），并写入 0（该数组包含 3 个 int 类型的元素）；func5 定义了一个指针类型的指针变量（也叫指针的指针），并写入 0。

然后，打开 Compiler Explorer，看看它们对应的汇编指令。不要理会汇编指令的含义！我们只比较 5 个函数对应的指令是否相同，如图 2-17 所示。

没想到吧！这几个函数的汇编指令完全一致！如你所见，无论是什么类型的指针变量，对指针变量的读写操作，跟普通变量没有任何区别。所谓的"指向"，仍然是在描述指针变量的值是多少而已，这跟描述普通变量的值是多少，没有什么两样！所以，就变量读写而言，指针变量跟普通变量没有任何区别！

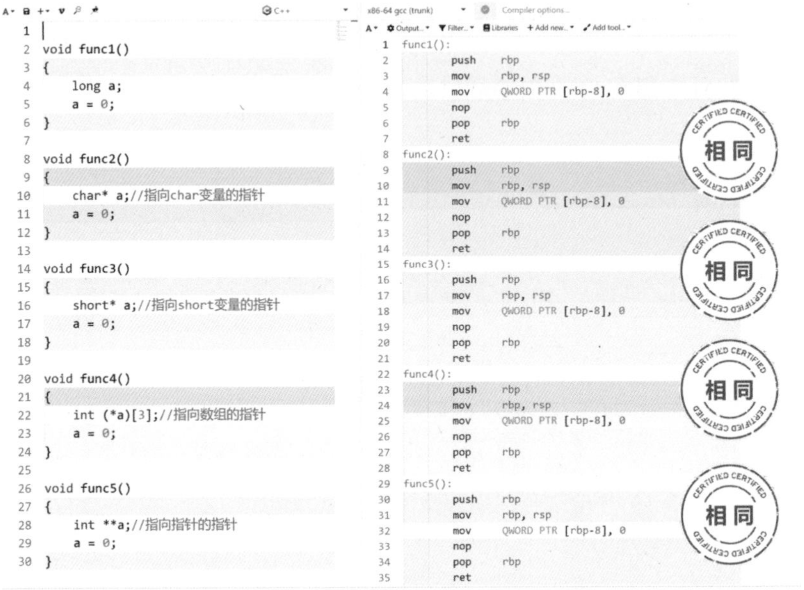

图 2-17

但需要说明的是：这里给指针变量赋值的 0，不是数字意义的 0，而是内存地址 0x0000000000000000（8 字节长度，假设 CPU 是 64 位的）。甚至，你还会发现：无论是 char* 类型的指针变量，还是 short*、int** 类型的指针变量，它们所占据的字节长度都是一样的（8 字节），因为，它们都用来保存某一个内存地址，而同一种 CPU 能访问的内存地址的字节长度都是固定的。普通变量的值，往往用于数学计算；而指针变量的值，往往用来记录内存地址。这些内存地址可能是变量的地址、常量的地址、CPU 寄存器的地址……

```c
int a = 1;
const int b = 2;
const void* p = 0;

p = &a;                         //变量的地址
p = &b;                         //常量的地址
p = (const void*)0xffff8080;    //CPU寄存器的地址
```

● 指针 * 操作

好了，知道了指针变量是用来记录内存地址的。那么得到内存地址后，下一步会做什么？毫无疑问，当然是疯狂、自由地内存读写。夸张地说，如果不是为了实现内存的自由读写，指针就没有存在的必要。例如，JavaScript、C#、Java、Python，它们既不能自由读写内存，也没有指针的概念。

相信你也猜到了，内存的读写操作，就是指针的 * 操作。这是一个最典型的 * 操作代码：

```
int a = 1;
int* p = &a;
*p = 2;
```

这里，假设变量 a 所在的内存地址是 0x1234；假设变量 p 所在的内存地址是 0x1238。现在，让我们化身成世界上最慢的内存，看看这 3 行代码到底在做什么。

好了，先运行第一行代码：定义一个变量 a，并赋值为 1；也就是把 1 写入地址为 0x1234 的内存里面，如图 2-18 所示。

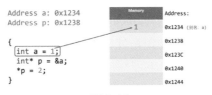

图 2-18

然后，定义一个指针变量 p，并赋值为变量 a 的地址；也就是把 0x1234 写入地址为 0x1238 的内存里面，如图 2-19 所示。

图 2-19

最后，对 p 进行 * 操作，该操作需要分两步完成：

第一步：锁定目标地址，取出指针变量 p 的值，并作为目标地址，也就是读取内存地址为 0x1238 处的值 0x1234，如图 2-20 所示。

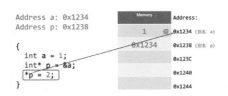

图 2-20

第二步：把 2 写入目标地址为 0x1234 的内存里面，如图 2-21 所示。

如你所见，通过指针操作，我们也可以读、写变量 a。这无疑给变量 a，增加了第二个读、写渠道。用起来很爽，但一旦出现 bug，就不容易定位。

图 2-21

好了，这就是指针变量特有的 * 操作。如果说普通变量可以不赋初值，那指针变量的初值，你必须万分慎重！因为，未来的 * 操作会以这个初值作为目标内存地址，并向里面读、写数据。

所以，给指针变量赋值，一定要是合法、合理的内存地址。否则，一旦读、写非法地址，程序或马上崩溃（segmentation fault），或像这个代码一样，不直接对变量进行读、写操作，而使用指针操作，偷偷把变量 a 的值从 1 改成了 2。

● 指针 ± 操作

最后，我们再看看指针变量的加、减运算。如上所述，指针变量一般不用来做数学运算，虽然加、减运算也能改变指针变量的值，但其真实目的是作地址偏移，这仍然是在定位内存地址。以加 1 运算为例，不同的指针类型偏移步长也不相同，如图 2-22 所示。

```
char* a;
a + 1 = value(a) + 1 * sizeof(char)

short* b;
b + 1 = value(b) + 1 * sizeof(short)

short** c;
c + 1 = value(c) + 1 * sizeof(short*)

int (*d)[3];
d + 1 = value(d) + 1 * sizeof(int[3])
```

图 2-22

指针变量 a 加 1 后的值是：向后（高端地址）偏移 1 字节，也就是一个 char 类型占用的字节长度；

指针变量 b 加 1 后的值是：向后偏移 2 字节，也就是一个 short 类型占用的字节长度；

双重指针变量 c 加 1 后的值是：向后偏移 4 字节，也可能是 8 字节。但无论是偏移 4 字节，还是 8 字节，都是一个 short* 类型所占据的字节长度。

需要注意的是：无论是 short* 类型的指针变量，还是 char*、long* 类型的指针变量，它们所占据的字节长度都是一样的，因为，它们都用来保存某一个内存地址。同一种 CPU 能访问的内存地址的字节长度都是固定的。

对于 32 位的 CPU，它能访问的内存地址长度为 4 字节（32 位），此时 c + 1，就偏移 4 字节；而对于 64 位的 CPU，它能访问的内存地址长度为 8 字节（64 位），此时 c + 1，就偏移 8 字节。

指针变量 d 加 1 后的值是：向后偏移一个数组的字节长度，也就是 3 * 4 字节（该数组一共有 3 个数组元素，每个数组元素都是 int 类型，均会占用 4 字节）。

● 总结

综上所述：

（1）指针变量也是变量，读、写操作跟普通变量完全一致！或许我们可以重温一下图 2-23，如果没有右边的 C 语言提示，谁能看出哪个是普通变量 x，哪个又是指针变量 p 呢？

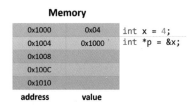

图 2-23

（2）不同的是，普通变量的值，多用来做数学计算；而指针变量的值，往往用来定位具体的内存地址；它可以是某个变量的地址、常量地址、函数地址、CPU 寄存器的地址，还可以是受保护的地址空间。

（3）指针变量的 * 操作，是对内存的读、写操作；它可以试图改变变量的值、常量的值、CPU 寄存器的值，还可以试图读、写受保护的地址空间。

（4）不同于普通变量通过变量名称（内存地址的别名）来避免程序员直接读、写内存；而指针变量，则反其道而行之，需要获得明确的内存地址，让程序通过 * 操作，直接去读、写内存。

最后，很多时候，我们被一些复杂的指针语法弄得颠三倒四、手足无措，但如果查看其对应的汇编指令的话，一定会让你大彻大悟，因为编译器生成的 CPU 指令，往往简短到让人怀疑其真实性。编译器当然是很少出错的，只是我们把事情想得太复杂了，或者刻意把事情弄得很复杂。

● 热点问题

Q1： 什么是 CPU 寄存器？它有地址吗？

A1： CPU 为了设置内存条频率，设置访问 PCI、USB 等总线或硬件，都需要读、写相关的寄存器。对于采用统一编址的 CPU，访问这些寄存器，跟访问普通内存是一样的，因此，使用指针访问 CPU 寄存器，是操作硬件的常规操作。

Q2： 什么是野指针？

A2： 野指针是没有赋"合法值"的指针变量。例如，赋值为 NULL 或随机值。

Q3： 指针的指针，有什么特殊之处吗？什么时候使用它？

A3： 如实例代码所示，指向指针变量的指针变量（指针的指针），还是普通变量，在变量读写方面跟普通变量没有任何区别。其用法也跟普通指针变量类似。例如，当你想改变函数外部的普通变量的值时，你会用指向该变量的指针变量作为函数参数：

```
void modify(int* p)
{
  *p = 2;
}

int main()
{
  int a = 1;
  modify(&a);//a = 2
}
```

同样，当你想改变函数外部的指针变量的值时，就用"指向该指针变量的指针变量"作为函数参数：

```
void safe_free(int** p)
{
  free(*p);
  *p = 0;//null
}

int main()
{
  //p = address of malloc
  int* p = (int*)malloc(sizeof(int));
  safe_free(&p);//p = 0
}
```

需要注意的是，正因为"指针的指针"跟普通变量并没用本质差异，所以，很多"指针的指针"的代码，都是可以改写成普通指针变量的形式。

2.5　CPU 眼里的指针本质和风险

● 提出问题

众所周知，C/C++ 的精髓是指针，指针的本质是内存地址。可无论是普通变量，还是类的成员变量，谁还能没有内存地址呢？既然普通变量有内存地址，那普通变量能像指针变量那样进行指针操作吗？也就是指针的 * 操作和 -> 操作。

● 代码分析

答案或许是肯定的！事实胜于雄辩，打开 Compiler Explorer，定义一个普通的变量 a，写一个 func1，借用指针变量 p，通过 * 操作来给变量 a 赋值。

再写一个 func2，不借助指针变量，直接对变量 a 的地址进行 * 操作，来给变量 a 赋值。

```
int a = 0;
void func1()
{
    int* p = &a;
    *p = 1;
}

void func2()
{
    *(int*)&a = 1;
}
```

对比以下两个 * 操作，对应的汇编指令，如图 2-24 所示。

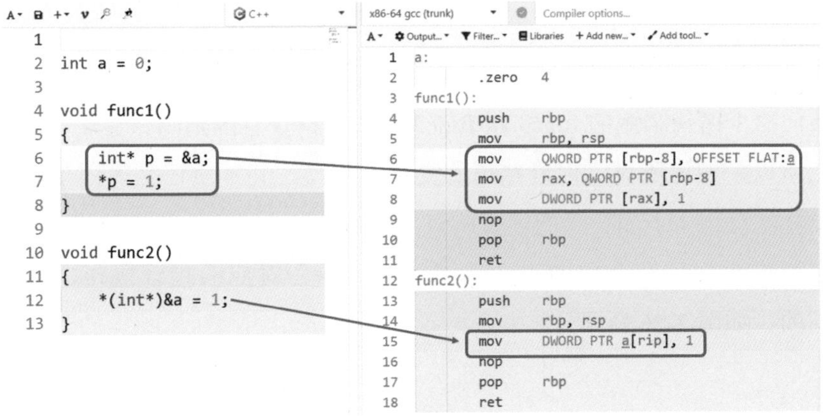

图 2-24

如你所见，func1 用了 3 条指令，指令的详细分析，可以参看 2.4 节"CPU 眼里的指针变量"。func2 就简洁多了，直接对变量a的内存地址写1。仅 1 条指令，就完成了赋值。

所以，对普通变量也能作指针操作。只要知道变量 a 的地址，就可以进行指针的 * 操作，还省掉了指针变量的开销，更简单、直接！

当然，还可以把 func2 写得更极端一些。假设 a 的内存地址是 0x1234，我们就可以把 func2 改写成这个样子：

```
int a = 0;//address a = 0x1234

void func2()
{
    //*(int*)&a = 1;
    *(int*)0x1234 = 1;
}
```

或许，你会纳闷，这还是读、写变量吗？这不就是在读、写内存吗？好吧，让我们再写一个循规蹈矩的 func3，用最常规的方式，给变量 a 赋值，如图 2-25 所示。

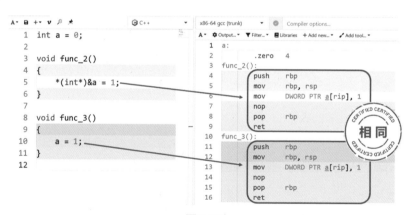

图 2-25

请问这个循规蹈矩的 func3 跟 func2 的汇编指令有区别吗？显然，又是完全一致！所以，如你所见，你最熟悉的变量读、写，其本质还是等同于对变量地址的指针 * 操作。正如变量的定义所言，变量不过是内存地址的别名。

同样的道理，类对象的"."操作，跟"->"对应的指针操作，本质上也是相同的，如图 2-26 所示。

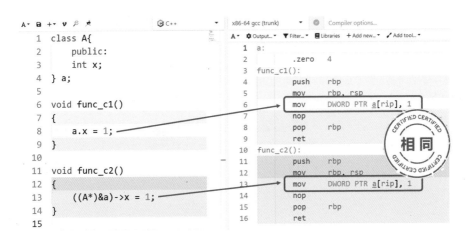

图 2-26

● 指针的风险

当然，也正是指针操作的灵活性，也让它成为大神和黑客的最爱。很多大神，仅仅通过一个栈变量的地址，配合指针操作，就可以试探、回溯出完整的函数调用轨迹，如图 2-27 所示。

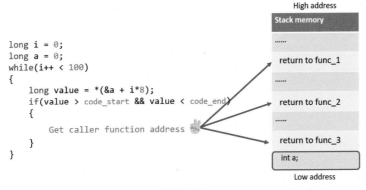

图 2-27

虽然这很酷，但也会给程序安全留下巨大的隐患，我们在随后的章节会对著名的"堆栈"攻击，做详细的解读。

同时，指针操作的不可控性，也是大规模编程的噩梦。试想一下：当你得到某个私有变量的内存地址，就意味着你可以通过指针操作，不受任何限制地读、写这个变量，如图 2-28 所示。

```
class A
{
private:
    int x;
public:
    void set_x(int input)
    {
        x = input;
    }
} a; //a.x address: 0x1234

void bad_set()
{
    *(int*)0x1234 = 1;//a.x = 1
}

void good_set()
{
    a.set_x(1);
}
```

图 2-28

这时，你还会理会它禁止访问的私有属性吗？你还愿意循规蹈矩地通过调用成员函数来读、写它吗？或许这个时候，任何语法层面的禁止，都会变成一纸空文。

另外，通过指针，除了对地址 0x1234 做读、写操作外，原则上可以通过指针，读、写整个 64 位内存空间（64 位的 CPU）中的任意内存，如图 2-29 所示。

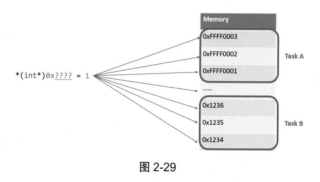

图 2-29

除了内存管理单元（MMU），没有人能制止这种肆意的读、写行为。如果你的 CPU 不带 MMU，例如 STM32 单片机，包括早期的 DOS 时代，程序员可以肆无忌惮地扫描整个计算机内存，并随意修改，这也是早期游戏修改器的工作原理。

所以，暴露任何数据、函数的内存地址，都是巨大的风险！因为这些地址，都可以用来做违规、不受控的指针 *、-> 操作。或许这也是大家对指针又爱又恨的原因吧！而当今比较流行的编程语言 C#、Java、JavaScript、Python、Rust，干脆就禁用内存地址和指针了。

● 总结

　　（1）指针操作（*、->）不是指针变量的专利，普通变量，甚至立即数，也可以做指针操作。夸张地说：所有变量、对象的读、写操作，都是基于指针来实现的。

　　（2）计算机的世界里面，万物皆有地址，所以，万物皆可指针。你既可能循规蹈矩，通过变量名或规定的函数接口，读、写变量，也可能无视规则，通过指针操作，随意、随时、随地地读、写变量。

● 热点问题

Q1：如何有效地阅读指针相关的代码？

A1：首先克服心理压力，指针变量就是普通变量，它叫什么名字并不重要！重要的是它的值是多少？它的值对应了哪个数据、变量、函数的内存地址？指针的出现往往意味着它要脱离常规语法的读、写规则，而是会用"远程"（*、-> 操作）的方式读、写某个数据、变量、函数或内存。

Q2：为什么指针如此特殊？

A2：与其说指针特殊，不如说指针变量的值比较特殊！如果我把数字 1234567 贴在墙上，你可能觉得没有什么，但如果这段数字是你的身份证号码或手机号码，你可能就抓狂了。

内存是计算机中最重要的资源之一，我们所能看到、听到的图像、视频、音频和计算结果，无不来自内存，一旦获取了内存地址，就相当于获取了某块内存唯一的身份证号码。你不仅可以悄无声息地随时监控它的状态，甚至可以修改它的内容。

2.6　CPU 眼里的数组

● 提出问题

　　数组可能是最具欺骗性的数据类型。仅从语法定义上来看，它非常简单，似乎用法跟普通变量相同，仅仅只有数量上的差异。但真正使用数组的时候，却完全是两回事。

● 一维数组

让我们先从最简单的开始，打开 Compiler Explorer，写一个最简单的对数组赋值的函数，如图 2-30 所示。

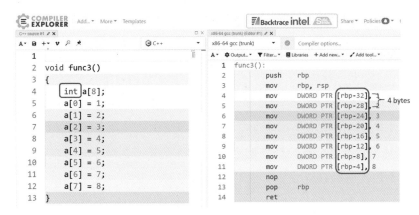

图 2-30

通过对应的汇编指令，可以很容易猜到这个赋值过程，就是在对一段连续的内存赋值。因为 int 类型是 4 字节长度，所以，每个元素的地址间隔都是 4 字节。

同理，如果是 char 类型的数组，每个元素的地址间隔就是 1 字节。

所以，我们可以脑补一下数组 a 在内存中的样子，大概如图 2-31 所示。

char a[8] = {1, 2, 3, 4, 5, 6, 7, 8}

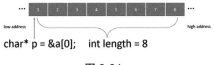

图 2-31

看到这种连续的内存，你会想到什么？是的，又是指针。因为，只要知道数组 a 的首地址和长度，一样可以准确地定位数组 a 所在的内存空间。

不要以为，这是阿布的一厢情愿。实际上很多编译器就是这么干的！让我们写一个最简单的用数组变量作参数的函数；再写一个最简单的用指针变量作参数的函数，如图 2-32 所示。

没想到吧？它们的汇编指令竟然一模一样！

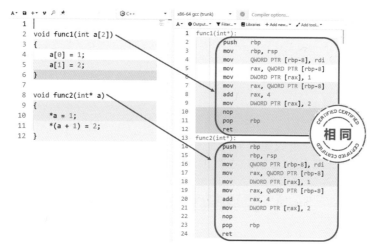

图 2-32

所以，在传递数组参数的时候，无论你的数组有多大，编译器都不会像普通变量那样，为你在"堆栈"中构建一个相同大小的临时数组变量，而是，简简单单地传递一个数组的内存首地址，像传递指针变量一样，把数组的内存首地址传递给被调函数。而对数组的读、写操作，则等价于对指针的 * 操作。

再写一个函数，做一下调用，如图 2-33 所示。

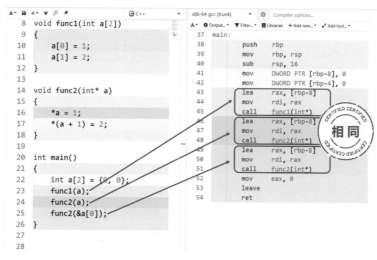

图 2-33

如你所见，这 3 种调用形式，对应的 CPU 指令完全一致！它们本质上完全相同，都是在传递数组的内存首地址，而非构建临时数组。

我们需要习惯这种传递指针的形式，很多知名的开源软件（操作系统、协

议栈）也是这么做的。当然，为了防止越界，还会增加一个参数，表示数组的
长度：

```
void func(int* array, int length)
```

● 多维数组

最后是二维、三维数组，可能你心中的一维、二维、三维数组，如图 2-34
所示。

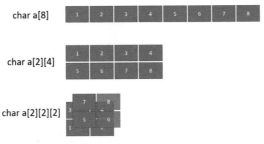

图 2-34

但很遗憾，计算机的内存条是一维的，在 CPU 眼里，多维数组都是被当作
一维数组来处理。事实胜于雄辩，下面 3 个函数，分别在给一维、二维、三维
数组赋值，如图 2-35 所示。

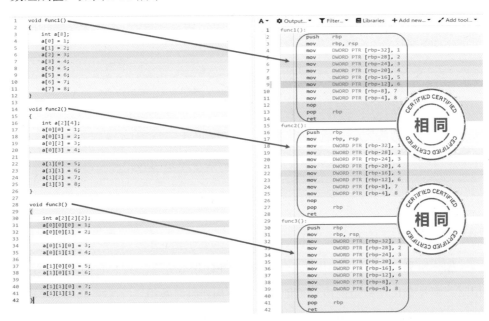

图 2-35

但显然，它们的汇编指令完全相同！所以，无论数组是一维的还是多维的，都是一段连续的一维内存。

● **总结**

（1）数组是一段连续的内存，除了常规读、写数组元素的方法；也会用指针来表示数组，并用指针的 * 操作来读、写数组元素。

（2）传递数组参数，本质上是传递指针，所以，在函数内改变数组的值，也会改变函数外数组的值。

（3）多维数组本质上还是一维数组，只是索引的方式不同，应用的场景不同，特别是 3D 领域，用多维数组编程，会给开发者带来诸多方便。

2.7　CPU 眼里的数组越界

● **阅读建议**

本节，我们会从 CPU 的视角，重新认识"数组越界"和"堆栈溢出"这对孪生兄弟。用简单、直观的试验，演示它们的工作原理。作为一个承上启下的章节，这里会涉及一些函数调用的知识点，大家暂时不用深究函数的工作原理，我们会在下一节详细讨论函数。

● 提出问题

数组，作为最常见的数据类型，一直都是黑客最爱攻击的对象，也是滋生宕机故障的温床。这么说吧，就连"野指针"见到它，也要叫一声"大哥"！就让我们从 CPU 的视角，解读它背后的工作原理，寻找解决问题的对策。

● **代码分析**

打开 Compiler Explorer，写一个世界上最简单的 func1，定义一个数组，并依次给数组元素赋值，最后，写个 main 函数，做函数调用：

```
void func1()
{
    long a[2];
    a[1] = 1;
    a[0] = 2;
    a[-1] = 3;
    a[-2] = 4;
}

int main()
{
    func1();
    printf("岁月静好☑");
}
```

或许你已经忍不住要打断我了，因为数组越界了！那么请问：数组越界会发生什么事情呢？你的答案很可能是：segmentation fault 异常。

让我们实际运行一下吧，如图 2-36 所示。

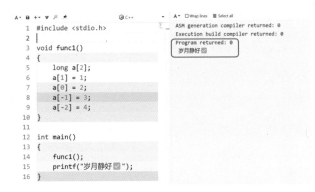

图 2-36

意外吗？没有异常发生！如你所见，一切岁月静好。是的，数组越界，也分往哪个方向越界。这种向低端地址的越界，有些情况下，看似是安全的。安全到什么程度呢？让我们再写一个正常的 func2 吧，如图 2-37 所示。

好了，不用关心汇编指令的含义，只比较它们的差异。很显然，它们是完全相同的！如你所见，数组元素 b[0]、b[1]、b[2]、b[3] 分别对应了数组元素 a[-2]、a[-1]、a[0]、a[1]。越界的数组元素 a[-2]、a[-1] 相当于偷偷拓展了一下数组的长度。让数组 a 由一个长度为 2 的数组，变成了一个长度为 4 的数组。之所以暂时安全，是因为越界元素所在的内存是块"无主之地"。此时的读、写操作，不会影响到别人。

或许，你也注意到了定义变量的过程，就是以 rbp 寄存器为基准，向下（低端地址方向）拓展函数"堆栈"的过程，如图 2-38 所示。

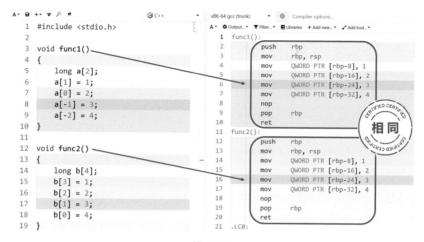

图 2-37

图 2-38

好了，如果说数组向低端地址的越界，是开疆拓土的话，如图2-39所示。那么，向高端地址越界就是掉转枪头的内卷了，如图2-40所示。

图 2-39

图 2-40

因为"堆栈"的高端地址，可不是"无主之地"，上面保存着主调函数 main 的栈帧呢！而且还保存着函数 func1 的返回地址呢。

让我们作一个最谨慎、简单的高端地址越界，看看会发生什么事情，如图 2-41 所示。

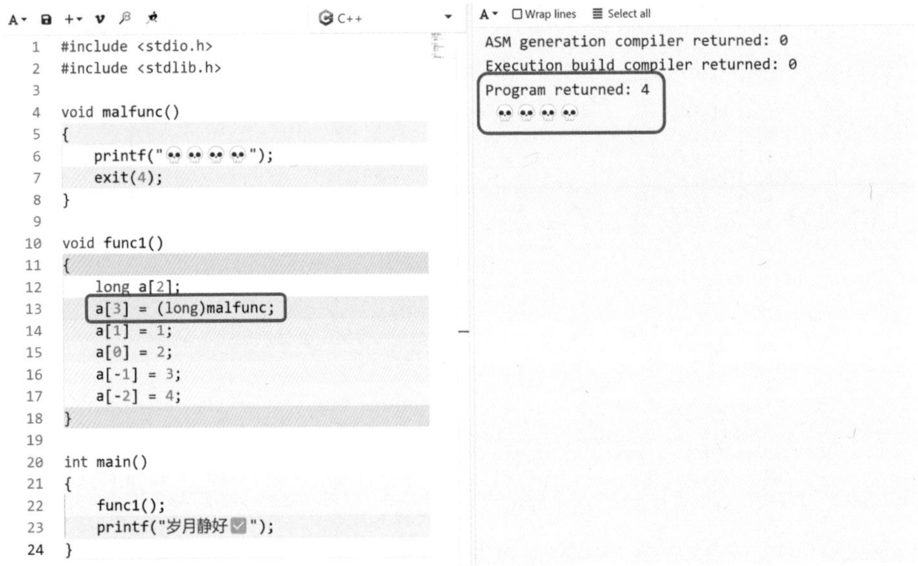

```cpp
#include <stdio.h>
#include <stdlib.h>

void malfunc()
{
    printf("💀 💀 💀 💀 ");
    exit(4);
}

void func1()
{
    long a[2];
    a[3] = (long)malfunc;
    a[1] = 1;
    a[0] = 2;
    a[-1] = 3;
    a[-2] = 4;
}

int main()
{
    func1();
    printf("岁月静好 ✅ ");
}
```

```
ASM generation compiler returned: 0
Execution build compiler returned: 0

Program returned: 4
💀 💀 💀 💀
```

图 2-41

很遗憾，再也没有"岁月静好 ✅ "了。如你所见，我们仅仅对越界的数组元素 a[3] 赋值了恶意函数 malfunc 的函数地址，结果 func1 就不能正常返回 main 函数了，而是去执行恶意函数 malfunc，打印出了 4 个骷髅头。

所以，你现在知道为什么黑客这么中意数组了吧？因为通过数组越界，黑客可以很容易地获得程序的控制权，并引导 CPU 去执行黑客埋伏好的恶意代码。

当然，即使不对越界数组写入某个函数的地址，而只是写入非法数值、或随机数，例如 a[3] = 0，又会怎样呢？答案往往是：Segmentation Fault！因为这会让 CPU 跳转到内存地址 0 处，而这里往往没有合法的 CPU 指令供 CPU 执行，所以，Segmentation Fault 就在所难免了。

如果你暂时还不完全明白背后的秘密，也不用着急，随后的章节我们将非常详细讨论其中所有的细节。

● 总结

　　（1）数组向高端地址越界（内卷），会修改堆栈中的关键数据，程序往往会立刻崩溃（segmentation fault）；同时，这也容易被黑客利用，用来执行事前准备好的恶意代码。

　　（2）明枪易躲，暗箭难防！数组向低端地址越界（拓展），程序往往不会马上崩溃。可一旦与其他函数变量冲突时，其诡异行为绝对超出你的想象。所以，无论哪种越界，都要积极避免。

　　最后，数组越界在实际编程中是非常隐蔽的。例如，拷贝字符串，用全局变量索引数组元素，都是数组越界的重灾区，如图 2-42 所示。

strcpy, strcat, memcpy, memmove

extern int g_index;
buffer[g_index] = 0;

图 2-42

● 编程轶事

　　阿布曾经遇到过一个非常棘手的、随机的、不可接受的软件故障，全部门花了一个多月时间，才发现是数组越界所致。

　　问题解决后，部门领导仍然非常生气，不仅严厉批评了代码的编写者，还责令大家一起反省自己的代码质量，但没过几天，我们又在部门领导的历史代码中，发现了另外一处数组越界。

　　所以，数组越界不仅隐蔽，而且还不容易定位。时刻保持对数组的警惕，防患于未然，是非常必要的。

● **热点问题**

Q1：为什么我的数组越界，没有导致程序崩溃呢？

A1：不同的编译器，可能会对"堆栈"做一些冗余处理，所以，尽管你的数组越界了，并写入了非法数据，但只是修改了冗余、缓冲区的数据，并没有修改到栈帧里面的关键数据，所以程序看上去，还是安然无恙的。

为了便于重现本书的试验，建议大家使用跟阿布一样的环境，在 Compiler Explorer 中，选择相同版本的编译器，进行上手试验。

2.8　CPU 眼里的引用

● 提出问题

学习编程时，最伤脑筋的活是什么？答案很可能是牢记语法规则，尤其在不了解底层工作原理的情况下，似乎只有不断地强化记忆，才能让自己接受这些神秘的语法规则。

那你有没有发现有些语法规则，它们的作用看上去非常相似，但应用在编写中又大相径庭的情况呢？其中最典型的例子，或许就是引用和指针了。引用和指针到底有什么差异？这可能是一个在语法层面，颇难解释清楚的问题，但在 CPU 眼里，却根本就不是一个问题，因为它们几乎没有任何区别。

◐ 代码分析

话不多说，打开 Compiler Explorer，让我们编写一个简单的函数 func1，定义一个指针变量 p，用来改变变量 a 的值，然后我们再编写一个相似的引用版本的函数 func2，如图 2-43 所示。

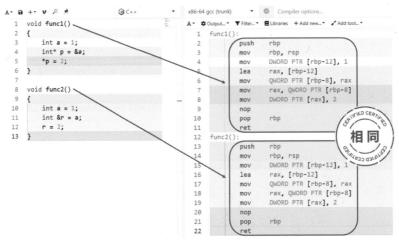

图 2-43

老规矩，不要理会每条 CPU 指令的具体含义，我们只比较两个函数对应的 CPU 指令差异，如你所见，它们完全相同！

我们定义的引用变量 r，实际上是在定义一个指向变量 a 的指针 p。我们对引用变量 r 的读、写操作，实际上是指针变量 p 的 * 读、* 写操作。

或许，你还不能接受这个现实，没有关系，让我们再写一个简单的传指针的函数 func3，再写一个传引用的函数 func4，最后做一个 call 函数的调用，如图 2-44 所示。

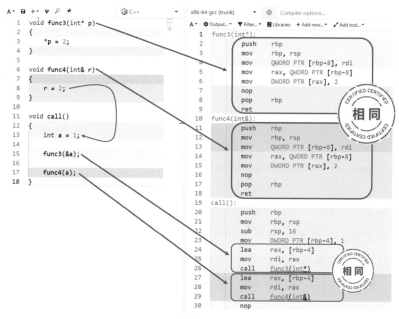

图 2-44

如你所见，不仅两个函数 func3、func4 的函数体，而且它们的调用部分，对应的 CPU 指令都完全相同！

所以，跟有指针参数的函数 func3 一样，在函数体 func4 里面，改变变量 r 的值一样会影响到函数外变量 a 的值。至于指针参数，是如何改变函数外变量 a 的值的？我们会在 3.1 节 "CPU 眼里的参数传递" 中详细讲解。

至此，结论已经非常明显了，在 CPU 眼里，指针和引用没有任何区别。引用可以做到的事情，用指针都可以做到。如果非要说说它们的区别的话，我想主要集中在下面这些语法规则的层面：

（1）引用显得更加简洁，特别是在读、写的时候，不需要像指针那样，加上 * 操作。

（2）指针可以被赋值成 NULL：int*p = NULL，但引用不行：int &r = NULL
是错误的。

（3）指针可以随时改变它所指向的变量，而引用不能随意改变它所引用的
变量，否则，会被视为重新定义了一个已经存在的引用变量。

（4）指针存在"指针的指针"，而引用则不存在"引用的引用"。

● 总结

（1）"引用变量"也是变量,在底层实现上面,跟"指针变量"完全相同。

（2）"引用变量"也被称为某个变量的别名，这非常形象。但似乎很
难解释为什么在函数 func4 中改变 r 的值，会同时改变外部变量 a 的值。
但如果你把"引用"当作"指针"看待的话，这个问题就迎刃而解了。

● 热点问题

Q1: C 语言也支持"引用"这个语法规则吗？

A1: 不支持的，引用这个语法规则，是在 C++ 才被支持的。但如你所见，所有
的引用，都可以通过指针来达到相同的效果；但引用在使用中，会简洁
不少，更像是一个语法糖。

Q2: 引用的本质是"指针常量"吗？例如 int* const p = &a。

A2: 非常精彩的总结！我相信这是引用语法的真实意图。

2.9 CPU 眼里的 i++ 与 ++i

● 提出问题

计算机里面，最简单的东西，往往也最有争议。比如，++i 和 i++ 这两种
最简单的自加 1 运算，它们谁更快？虽然，你可以很快从百度搜出答案，但可
能你永远都无法说服自己接受这个答案，今天让我们从 CPU 的视角，看看谁快、
谁慢。

● 代码分析

打开 Compiler Explore，写一个最简单、常见的前加（++i）的函数 func1，再写一个最简单、常见的后加（i++）的函数 func2：

```
void func1()
{
    int i = 1;
    ++i;
}

void func2()
{
    int i = 1;
    i++;
}
```

老规矩，你不用理会 CPU 指令的具体含义，我们只比较两个函数的汇编指令是否相同，如图 2-45 所示。

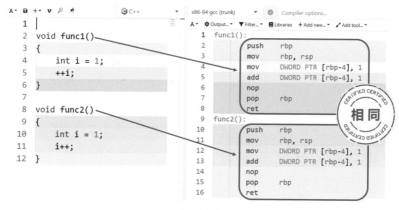

图 2-45

如你所见，二者的汇编指令完全一致！所以，++i 和 i++ 的速度是一样的。相信这个结果，已经会让很多人满意了，于是，很多情况下，我们就不必再为这个问题争论不休了。

但非常遗憾，这种使用方式太过简单，还不能覆盖所有的情况，让我们稍微修改一下代码，返回 ++i 和 i++ 的值试试，如图 2-46 所示。

如你所见，差异出现了：前加（++i）只对应了 2 条指令；后加（i++）对应了 3 条指令。如果忽略不同指令的执行时间，前加（++i）用的指令少，所以，前加（++i）的运行速度会快一点点。

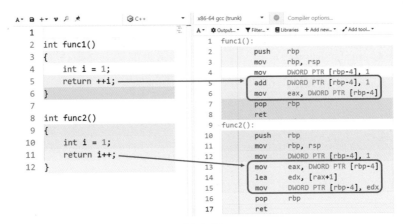

图 2-46

但快得不多，区区一条指令，对于 1 秒钟执行上亿次运算的 CPU 而言，几乎可以忽略不计。所以，即使这种情况下，我们仍然可以忽视它们之间的区别。

● 差异分析

但再小的差异，都是差异，或许现在只是一条指令的差异，那未来会不会有某种情况，可能产生更多的指令差异，让它们的运行速度差异巨大呢？让我们再仔细看看这两组汇编指令的差异部分，如图 2-47 所示。

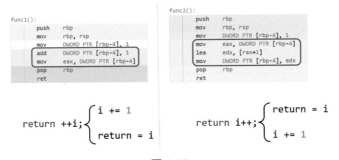

图 2-47

先看 ++i，它由两条指令构成：

第一条指令，读取变量 i 的值，并做加 1 运算，其结果为 2，再写入变量 i。其中变量 i 的内存地址值是 rbp - 4。

第二条指令，读取变量 i 的值，并传递给寄存器 eax，用来作为函数的返回值。

再看 i++，它由 3 条指令构成：

第一条指令，由于 i++ 需要返回加 1 前的原始值，所以，先读取 i 的值，并传递给寄存器 eax，用作函数的返回值。

第二、三条指令，有点烦琐，但实质上，等价于 ++i 的第一条指令。

从图 2-47 中给出的等效 C 语言代码看来，它们仅仅是代码顺序的差异，这种顺序差异，并不能对效率产生太大的影响。如果再加上编译器优化，它们生成的汇编指令可能是完全相同的，那就更不存在效率上的差异了。

但你相信吗？就是这个顺序差异，在特定的情况下，也能让二者在效率上，产生较大的差异，甚至通过编译器优化，也无法抵消这种差异。

如果把 i++ 比作一个函数的话，因为语法规则的要求，它只能把加 1 前的原始值，返回给主调函数。所以，在自加 1 之前，它需要用一个临时变量，保存自己的原始值，而构建这个临时变量，就可能需要占用一定的内存和 CPU 资源。如果这个临时变量是一个比较复杂的类对象的话，那么构建临时变量的开销就不能被忽略了。

下面是 C++ 的前加（++i）、后加（i++）操作符的重载函数，我们可以直观地感受一下它们在执行过程上的差异，如图 2-48 所示。

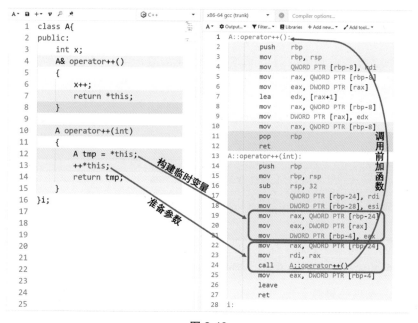

图 2-48

如你所见，后加运算符（i++），需要先准备构建临时变量，然后准备参数，最后再调用一次完整的前加（++i）运算函数。这样，后加（i++）往往需要包含一个完整的前加（++i）操作。而这种差异，往往是编译器难以优化掉的。

● 总结

（1）对于简单数据类型（int、short、char、long），前加（++i）和后加（i++）几乎没有效率上的差异，在不同的编译环境下，前加（++i）可能会略快，但优势可以忽略不计。

（2）对于复杂数据结构，特别是 class，后加（i++）需要构建临时变量，会放大后加（i++）的劣势。所以，变量的 ++ 运算，首选前加（++i）。

● 热点问题

Q1: 前加（++i）是左值的，这是什么意思？

A1: 简单地回答：前加（++i）的返回值，是一个变量的引用，可以参看图 2-48 的前加（++i）运算符实例代码。该引用是可以被赋值的。例如，我们可以把 2 赋给前加（++i），但不能把 2 赋给后加（i++），因为它是右值的，如图 2-49 所示。

```
void func_3()
{
    int i = 1;
    ++i = 2;  把 2 赋给 "左值" ☑
    i++ = 2;  把 2 赋给 "右值" ✗
}
```

图 2-49

Q2: 如果 i = 1，（++i）++ 应该等于多少？

A2: 首先不建议写这样的代码，因为这样非常不方便阅读。其次，不同编译器对该代码的解释会有所区别。如果只针对特定的编译器，例如 GCC，它的结果是可以预期的；但如果你用 Clang 或者 Visual Studio 编译运行的话，可能会得到一个不同的结果。

2.10　代码陷阱类型转换

● 提出问题

你有写过"比较"代码吗？这里有一个最简单的比较代码：

```
int main()
{
    char a = 0xff;
    if(a == (char)0xff)
    {
        printf("same");
    }
    else
    {
        printf("different");
    }
}
```

请问，这个 main 函数的最终输出是什么？可能答案并没有你想象的那么简单，让我们实际运行一下，看看真实的输出结果，如图 2-50 所示。

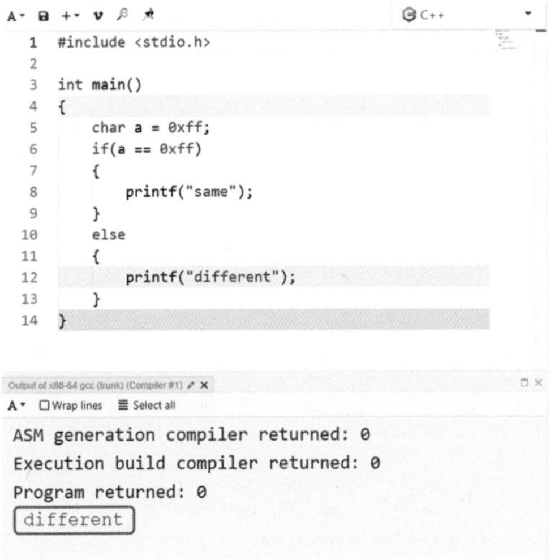

```
1  #include <stdio.h>
2
3  int main()
4  {
5      char a = 0xff;
6      if(a == 0xff)
7      {
8          printf("same");
9      }
10     else
11     {
12         printf("different");
13     }
14  }
```

```
Output of x86-64 gcc (trunk) (Compiler #1)  ✎  ✕
A ▾  ☐ Wrap lines  ≡ Select all
ASM generation compiler returned: 0
Execution build compiler returned: 0
Program returned: 0
different
```

图 2-50

● 代码分析

如你所见，结果是 different。变量 a 跟 0xff 是不同的！难道第 5 行的 0xff 跟第 6 行的 0xff 有区别吗？是的，尽管从源代码上看，它们是相同的。但从第

6 行开始，它们无论是从二进制上看，还是从十进制上看，都是不一样的！

为了实现第 6 行中变量 a 和 0xff 的比较，首先需要对它们进行类型统一。一般情况下，会将 char 类型的变量 a 向 int 类型转换，如图 2-51 所示。

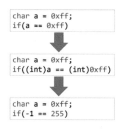

图 2-51

需要注意的是，变量 a 的值虽然也等于 0xff，但因为它是有符号数，根据补码的原理，符号位是最高位 1，表示变量 a 是一个负数。所以，它表示的数是 -1，而不是 255。如果转换成 int 类型的话，就是 -1（0xffffffff）。

而第 6 行右边的 0xff 是一个无符号数（unsigned int）255，转换成 int 类型后，还是 255（0x000000ff），显然 -1（0xffffffff）跟 255（0x000000ff）是不相等的。

或许，你可能会纳闷：这种代码，我经常写呀，但为什么没有出错呢？因为我们的使用习惯中，很少使用负数，如图 2-52 所示。

```
1  #include <stdio.h>
2
3  int main()
4  {
5      char a = 0x55;
6      if(a == 0x55)
7      {
8          printf("same");
9      }
10     else
11     {
12         printf("different");
13     }
14 }
```

```
Output of x86-64 gcc (trunk) (Compiler #1)
ASM generation compiler returned: 0
Execution build compiler returned: 0
Program returned: 0
same
```

图 2-52

因为无论把 0x55 赋值给 char a，还是赋值给 unsigned char a，它都表示正数 85。所以尽管在第 6 行比较双方的类型依然不同，但依然能得到一个符合预期的 same 结果。

或许，正是这种使用习惯让我们逃过了一劫，但谁又能保证自己一直幸运呢。所以，无论如何我们都应该积极避免这样的问题。

● 解决办法

那么应该如何解决这个问题呢？通过上面的分析，我们知道归根到底，是因为第 6 行的代码中，比较双方的类型不同所导致的。所以，我们只要统一两边的数据类型就好了。例如，下面的两种方法，都可以有效地解决这种类型歧义，如图 2-53 所示。

```
1   #include <stdio.h>
2
3   int main()
4   {
5       char a = 0xff;
6       if(a == (char)0xff)
7       {
8           printf("same");
9       }
10      else
11      {
12          printf("different");
13      }
14  }
```

```
Output of x86-64 gcc (trunk) (Compiler #1)
A ▾  ☐ Wrap lines  ☰ Select all
ASM generation compiler returned: 0
Execution build compiler returned: 0
Program returned: 0
same
```

```
1   #include <stdio.h>
2
3   int main()
4   {
5       char a = 0xff;
6       if((unsigned char)a == 0xff)
7       {
8           printf("same");
9       }
10      else
11      {
12          printf("different");
13      }
14  }
```

```
Output of x86-64 gcc (trunk) (Compiler #1)
A ▾  ☐ Wrap lines  ☰ Select all
ASM generation compiler returned: 0
Execution build compiler returned: 0
Program returned: 0
same
```

图 2-53

如你所见，要么把 0xff 转换成跟变量 a 一样的类型；要么把变量 a 转换成跟 0xff 一样的类型。只要类型相同，它们之间的比较结果就是可预期的、可控的。

● 总结

（1）由于补码的原因，负数对应的二进制数，既可以被解释成一个正数，也可以被解释成一个负数。例如，0xff 既可能是 unsigned char、short、int 类型的正数 255，也可能是 char 类型的负数 -1。

（2）由于负数的二义性，编译器在发现我们进行不同类型的比较时，往往会输出警告，但由于我们经常使用正数进行比较，可以有效规避二义性风险。所以，这也让编译器的警告看上去毫无意义。但对它可能造成的风险，我们必须心知肚明。解决这些警告，会让我们的代码更加可靠、强壮。

● 编程轶事

阿布曾经在一家不错的餐厅，参加了一场华为公司的软件工程师面试。跟所有的技术面试一样，先做题！其中有一道题，要求面试者指出代码中的错误。阿布在指出一些明显的错误后，还是感觉意犹未尽，于是又指出：代码中的 if 比较语句也有误。

在获得第二轮面试机会后，面试官询问阿布：if 语句有什么问题？这都是通过编译、运行的代码。于是阿布就把本节的内容讲给了面试官听，随后便获得了一份免费的午餐。

第 3 章　函数原理

阅 读 建 议

··

恭喜你完成了上一章的学习！现在我们需要加一点儿强度了。需要提醒的是：这可能是本书最重要的章节，不要跳过，耐心阅读、思考其中的每一个细节。

函数，看上去人畜无害，实则深藏不露。它是最普通、最常见的程序代码。我们编写代码，往往就是在编写函数，很多时候，我们的程序不过是在不断地调用和运行各种函数而已。

函数的语法规则也十分简单。一句函数调用、函数返回，似乎就可以概括整个函数的运行规律。

但你知道吗？函数本身也是非常成功的软件技术，它在占用很少内存的情况下，实现了程序的高效跳转和原路返回，以及分配临时变量，也叫"栈"变量。

或许此刻，你也意识到了一件事情：函数会使用到"堆栈"技术，也有人叫它函数调用"栈"。可"堆栈"也不新鲜呀！相信很多同学略加思考后，都可以用 C 语言写一个"堆栈"操作函数，例如 push、pop 等。

但为什么我们在使用函数的时候，从未见到过这个所谓的"堆栈"呢？你亲眼见过函数是如何 push 返回地址的吗？你亲眼见过函数是如何 pop 返回地址的吗？你亲眼见过函数分配临时变量（也叫"栈"变量）吗？

在本章，我们将一起探索隐藏在函数背后的秘密。相信通过对函数的学习，你会对函数乃至整个计算机系统有个全新的认识。

为了加深理解、举一反三。我们希望在完成本章的学习后，读者可以再回头阅读一下 1.3 节"CPU 眼里的汇编语言"。

3.1　CPU 眼里的参数传递

● 提出问题

你写过函数吗？你为函数传递过参数吗？你知道传递参数是如何实现的吗？传值和传引用、传指针，有什么区别呢？

让我们一起从 CPU 的视角，解密这一系列语法背后的秘密吧。

● 代码分析

打开 Complier Explorer，写一个最简单的函数，它的参数为数值型，再写一个类似的函数，它的参数是指针型；然后，定义 3 个变量 a、b、c；最后，写一个函数，做一下调用。其中，第一次调用，是传值的方式；第二次调用，是传指针的方式：

```
void func1(long x, long y, long z)
{
    x = 0;
}

void func2(long* x, long* y, long* z)
{
    *x = 0;
}

long a = 1;
long b = 2;
long c = 3;

int main()
{
    func1(a, b, c);
    func2(&a, &b, &c);
}
```

好了，让我们比较一下调用函数 func1 和调用函数 func2 有什么区别。为了便于观察，我们将汇编语言对应的二进制指令也显示出来，如图 3-1 所示。

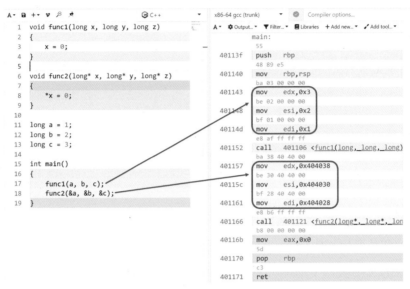

图 3-1

如你所见，调用函数 func1 之前，需要把参数值 1、2、3 传递给函数 func1，具体传递方式，就是通过 mov 指令，分别把数值 1、2、3 传递给寄存器 edi、esi、edx。这也就是所谓的传值。

注意：edi、esi、edx 分别是寄存器 rdi、rsi、rdx 的低 32 位，我们也可以认为是把数值 1、2、3 分别传递给了寄存器 rdi、rsi、rdx。

而调用函数 func2 之前，需要把 a、b、c 的指针传递给函数 func2，具体传递方式，也是通过 mov 指令，分别把 a、b、c 的内存地址，也就是数值 0x404028、0x404030、0x404038 分别传递给寄存器 edi、esi、edx。这也就是所谓的传指针。

很显然，无论是传值还是传指针，它们的实现原理完全一致，都是把某个数值，传递给某个 CPU 寄存器。如果非要说有什么不同的话，可能就是这些数值表达的信息不一样。传指针，实际上是在传递某个内存地址，这个信息相对而言比较敏感。详细内容还可以查看 2.5 节 "CPU 眼里的指针本质和风险"。

● 传值：变量值，不可改

众所周知，在函数里面改变参数的值，不会影响外部变量的值，这是为什么呢？让我们简单分析一下函数 func1 对应的汇编指令就知道了，如图 3-2 所示。

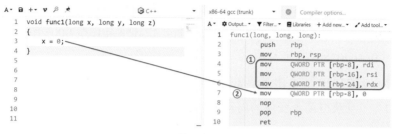

图 3-2

第一步：寄存器完成了参数传递后，未来还会有其他用途，为了释放对寄存器的占用，寄存器 rdi、rsi、rdx 会把自己保存的参数值 1、2、3 存放在函数堆栈里面，它们对应的内存地址分别是 [rbp－8]、[rbp－16]、[rbp－24]，它们相当于外部变量 a、b、c 的等值克隆体（也称形式参数）。

第二步：把 0 写入函数堆栈里面，也就是内存地址 [rbp－8] 里面。

所以，如你所见，在函数里面改变参数的值，其实是在改变克隆体（形式参数）的值，对变量的本体（也称实际参数）没有任何影响。

● 传指针：变量值，可改

相信你也发现了，传递指针参数的函数 func2，跟传递数值参数的函数 func1 在实现上面几乎完全相同。但为什么传递指针可以改变参数的值呢？让我们用同样的方法分析一下函数 func2 对应的汇编指令就知道了，如图 3-3 所示。

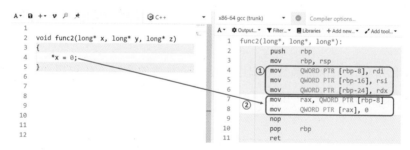

图 3-3

第一步：跟传值的函数 func1 一样，寄存器完成了参数传递后，未来还会有其他用途，为了释放对寄存器的占用，寄存器 rdi、rsi、rdx 会把自己保存的参数值 0x404028、0x404030、0x404038 存放在函数堆栈里面，它们的内存地址分别是 [rbp－8]、[rbp－16]、[rbp－24]，它们相当于外部变量 a、b、c 地址的等值克隆体（也称形式参数）。

第二步：指针 * 操作，通过 mov 指令，把暂存在函数"堆栈"里面的内存地址 0x404028，也就是外部变量 a 的内存地址，传递给寄存器 rax，然后对这个内存地址（0x404028），写入 0。

因为 0x404028 是本体变量 a 的内存地址，所以，此时外部变量 a 的值会由 1 变为 0。一旦获得某个变量的内存地址，任何函数都有机会读、写该变量的值。

● 传引用vs传指针

至于传引用，这种语法规则会让代码简化一点儿（也称语法糖），但从实现上看，它跟传指针的方法没有任何区别，如图 3-4 所示。

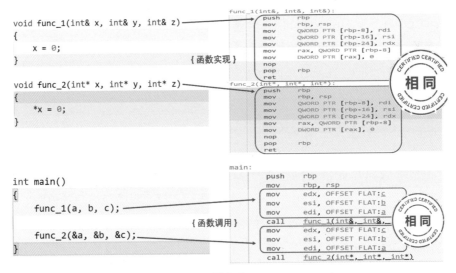

图 3-4

如你所见，无论是函数的调用，还是函数体的实现，传引用和传指针对应的 CPU 指令都是完全相同的。

● 总结

（1）在 CPU 眼里，没有传值、传指针的概念，或许它们唯一的区别只是传递的数值、意义略有不同。需要注意的是，传递指针是在传递某个内存地址的值，它是内存的身份 ID，十分敏感，需要相当慎重。

（2）传递参数，就是在给 CPU 寄存器赋值，CPU 寄存器是"主调函数"向"被调函数"输入参数的载体。

（3）如果传递的参数比较复杂，例如传递对象，仅仅靠有限的 CPU 寄存器就不行了，而往往会使用堆栈，但无论使用哪种载体，其工作原理都是完全一致的，都是在"主调函数"与"被调函数"之间传递信息。

● 热点问题

Q1: 函数 func1（1，2，3）和函数 func1（a，b，c）有什么区别？

A1: 它们在效果上是完全相同的，都是要把 1、2、3 传递给 CPU 寄存器。但 func1（a，b，c）为了获取 1、2、3，需要先读一下变量 a、b、c 的值；为了简单直接，我们以 func1（1，2，3）对应的汇编指令，解读了参数传递的过程。

如图 3-5 所示是它们对应的 CPU 指令，有兴趣的读者，可以试着解读一下。

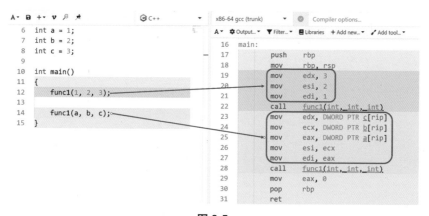

图 3-5

Q2: 为什么传递参数是通过 CPU 寄存器，而不是直接压入堆栈呢？

A2: 传递参数，也可以不通过 CPU 寄存器，而通过压入堆栈的方式，一些老版本的编译器，也是如此操作的。但通过寄存器传递，可以避免一些内存操作，一定程度上有利于提高函数的执行效率。

3.2 CPU 眼里的函数括号 {}

● 提出问题

在你写过无数个函数后，是否会考虑一个问题？当你在函数里面一顿操作后，为什么函数返回后一切还能恢复如初？刚刚定义的临时变量，最后会去哪里呢？

答案就是你写了无数遍的括号 {}。可遗憾的是这种灵魂级的操作，却很少有人提及，毫无存在感。

让我们从 CPU 的视角，感受一下函数的灵魂，一起窥探 {} 背后的秘密。

● 代码分析

打开 Compiler Explorer（编译器版本信息 x86 msvc v19.latest），写一个简单的函数，定义两个临时变量 a、b，最后，做一下函数调用，如图 3-6 所示。

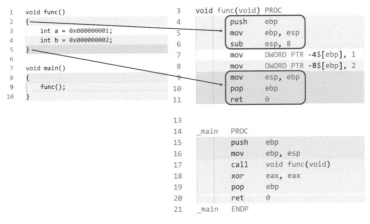

图 3-6

如你所见，正反括号的戏份儿并不少，分别对应了 3 条汇编指令。函数之间能随意调用，还能顺利收场，就完全仰仗它们了。

为了便于展示堆栈，我们稍微调整一下源代码和汇编指令的布局，如图 3-7 所示。

假设右边的内存块就是当前任务的"堆栈"，为了方便展示堆栈的堆叠结构，下面是高端地址，上面是低端地址。如果更习惯高端地址在上的观感，也可以旋转 180 度，倒着看"堆栈"插图，它们只有视角的差异，并无本质的区别。

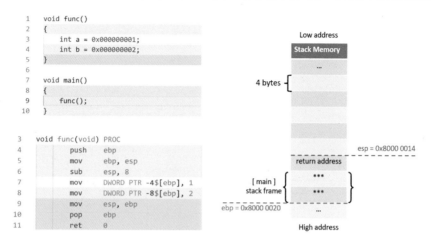

图 3-7

初始"栈帧"，是 main 函数的"栈帧"，在 红、蓝 两条线之间。红色水位线是 CPU 寄存器 esp 的值，用来标识"栈顶"的内存地址，有些类似 C 语言的指针变量；蓝色基准线，是 CPU 寄存器 ebp 的值，用来标识 main 函数的"栈帧"基地址，也类似 C 语言的指针变量。

不用关心 main 函数的"栈帧"，一切从函数 func 开始。首先执行第 1 条指令，如图 3-8 所示。

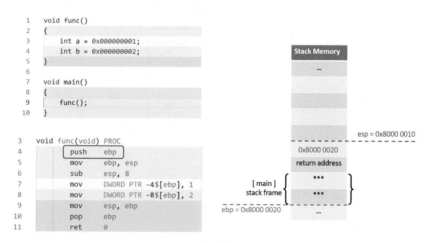

图 3-8

push 指令把 CPU 寄存器 ebp 的值压入"栈顶"，"栈顶"红色水位线（CPU 寄存器 esp）随之升高。至此，main 函数的"栈帧"保护工作完成！

然后，通过 mov 指令，更新一下"栈帧"基准线，让它与"栈顶"水位线齐平，如图 3-9 所示。

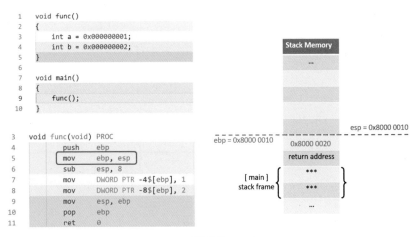

图 3-9

随后，通过 sub 指令，把红色水位线提升 8 字节，用来给两个临时变量分配"堆栈"内存，如图 3-10 所示。

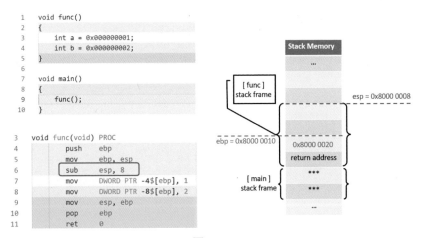

图 3-10

至此，函数 func 的"栈帧"设置工作完成。

随后，就是对临时变量 a、b 赋值，如图 3-11 所示。

如你所见，a、b 相对于蓝色基准线的偏移，分别是 4 和 8。正好用完函数的"栈帧"，一点不多，一点不少。

好了，函数执行完毕，是该恢复 main 函数的"栈帧"的时候了。通过 mov 指令，把红色水位线（寄存器 esp）先降低到蓝色基准线（寄存器 ebp）的位置，如图 3-12 所示。

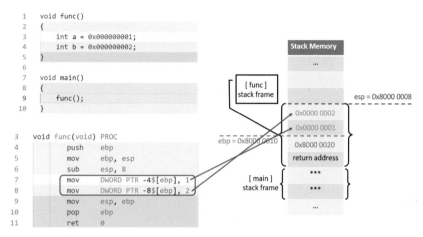

图 3-11

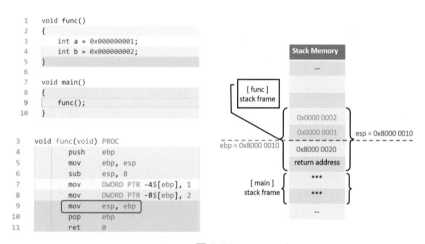

图 3-12

最后，执行 pop 指令，如图 3-13 所示。

把事先压入"栈顶"的 ebp 值返还给 CPU 寄存器 ebp。这样蓝色基准线就恢复到了最开始的位置。同时，随着"栈顶"的下降，红色水位线也随之下降。

至此，红、蓝两条线都恢复到了最开始的位置，也就是 CPU 寄存器 esp、ebp 的值，恢复如初。这样，main 函数的"栈帧"恢复工作就完成了。不准确地说：函数的"栈帧"，就是红、蓝两条线之间的内存块。它用来存放函数的临时变量、参数和返回地址。所谓的保护"栈帧"、恢复"栈帧"，不过是在保存和恢复寄存器 esp 和 ebp 的值。

```
1    void func()
2    {
3        int a = 0x000000001;
4        int b = 0x000000002;
5    }
6
7    void main()
8    {
9        func();
10   }
```

```
3    void func(void) PROC
4        push    ebp
5        mov     ebp, esp
6        sub     esp, 8
7        mov     DWORD PTR -4$[ebp], 1
8        mov     DWORD PTR -8$[ebp], 2
9        mov     esp, ebp
10       pop     ebp
11       ret     0
```

图 3-13

总结

（1）操作系统会为每个任务（进程或线程）分配一段内存当作任务"堆栈"；CPU 则提供两个寄存器 esp、ebp，用来标识当前函数对"堆栈"的使用情况。随着函数的逐层调用，函数的"栈帧"会逐次堆叠，互不重合；随着函数的逐层返回，函数的"栈帧"会被就地放弃，但不会清理内存，如图 3-14 所示。

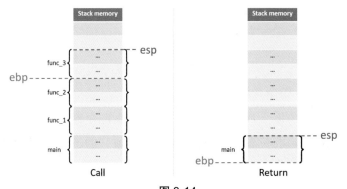

图 3-14

（2）正括号，用来保护上层主调函数（main）的"栈帧"，并设置被调函数（func）的"栈帧"。反括号，用来放弃被调函数（func）的"栈帧"，同时，恢复主调函数（main）的"栈帧"。这样，被调函数执行完后，主调函数就能继续执行。

（3）寄存器 ebp 作为当前函数的"栈帧"基地址，配合一定的偏移，就可以读、写函数体的临时变量。如果一个变量是通过 ebp 寄存器间接访问的，那么它往往是临时变量，也叫"栈"变量。

（4）不同编译器对"栈帧"的实现方法略有不同，但思路一致，一通百通。

所以，你现在知道为什么很少提及函数的括号了吧？因为里面的水很深！不得不感叹 C/C++ 的精妙，通过一对括号，让如此复杂的函数变得特别易于使用，它让我们如此习以为常，以至于都快忘记了是"堆栈"承担了每一次的函数调用的内存开销，并在函数返回时释放、归还这些内存开销。

● 热点问题

Q1: 同样是堆栈，为什么编译器的实现方式跟我们常见的代码如此不同？

A1: 本质是相同的，都是先进后出地存储、释放数据。只是，C/C++ 代码常使用指针变量来标识栈顶，并进行压栈、弹出操作。而编译器使用 CPU 寄存器 esp、ebp 并配合 push、pop 指令进行相应的压栈、弹出操作，但执行效率显然比普通编程语言更高。

为了便于理解，我们将这些 CPU 指令 C 语言化，如图 3-15 所示。

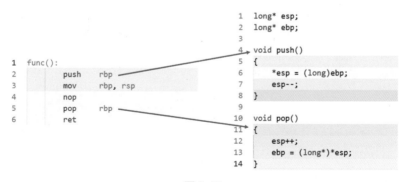

图 3-15

如你所见，左边的 push rbp 指令和 pop rbp 指令，用来对某段内存做"堆栈"操作；它们跟右边的函数 push()、函数 pop() 并没有实质差异。它们的操作效果是完全一致的。

C/C++ 语言，用函数括号 {}，为程序员屏蔽了相对复杂的"堆栈"操作，可以让程序员专注于函数主要功能的开发，提高工作效率，但也隐藏了函数调用、返回的秘密，造成了一个无形的知识空洞。

3.3 CPU 眼里的调用和返回

● 提出问题

请问当函数执行完毕后，函数怎么知道自己应该返回到哪里？它是否有走错路的可能？为什么有人说函数返回机制是 C/C++ 中最脆弱的设计呢？今天，让我们从 CPU 的视角，回答这个问题，一起揭示如此精妙的设计背后隐藏的致命缺陷。

● 代码分析

打开 Compiler Explorer，写一个简单的函数 func，定义一个临时数组，作一下赋值，然后，做函数调用，如图 3-16 所示。

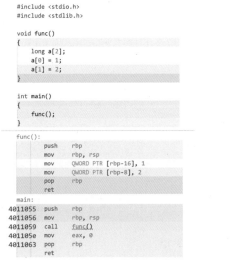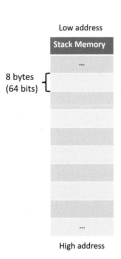

图 3-16

左上角是 C 语言的源码；左下角是对应的汇编指令，其中的黑色数字代表每条汇编指令所在的内存地址；右边的内存块是当前线程的"堆栈"，为了方便展示"堆栈"的堆叠结构，下面是高端地址，上面是低端地址；每个内存块的字节长度为 8 字节（如果习惯高端地址在上的"堆栈"结构，可以把书籍旋转 180 度观看，二者只有视角的差异，没有本质的区别）。

初始"栈帧"是 main 函数的"栈帧"，位于红、蓝两条线之间，如图 3-17 所示。

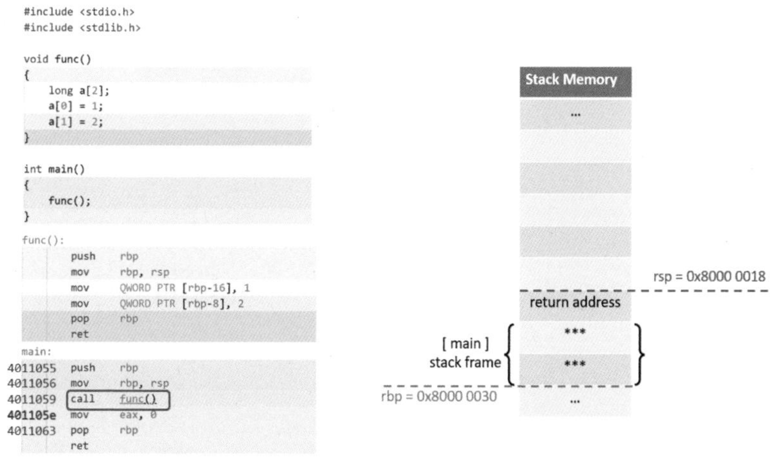

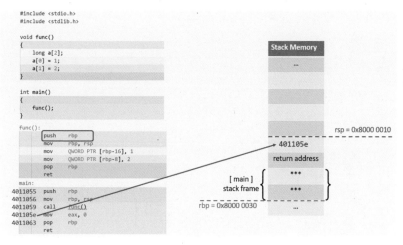

图 3-17

红色水位线是 CPU 寄存器 rsp 的值，用来标识"栈顶"的内存地址；蓝色基准线是 CPU 寄存器 rbp 的值，用来标识 main 函数的"栈帧"基地址。不用关心 main 函数的"栈帧"，一切从调用函数 func 开始，如图 3-18 所示。

图 3-18

call 指令，它包含了两个操作：

操作 1：把下一条指令的地址，也就是函数 func 的返回地址（0x401105e）压入堆栈，红色的"栈顶"水位线随之升高。

操作 2：CPU 跳转到函数 func 的首地址。

至此，函数 func 的调用过程就完成了。接着，开始执行函数 func 的第 1 条 push 指令，如图 3-19 所示。

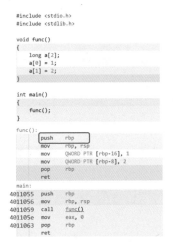
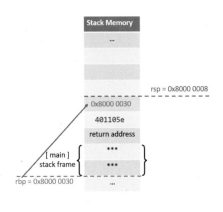

图 3-19

先把 rbp 寄存器的值压入"栈顶"，"栈顶"水位线随之升高。至此，main 函数的"栈帧"保护工作完成。

随后的 mov 指令，更新一下"栈帧"基准线，让它与"栈顶"水位线齐平，如图 3-20 所示。

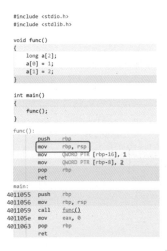
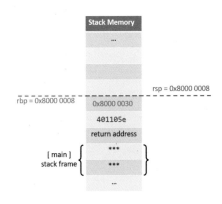

图 3-20

至此，函数 func 的"栈帧"设置完成。

关于"栈帧"的详细分析，请看 3.2 节"CPU 眼里的函数括号 {}"，这里点到为止。

随后两条 mov 指令，对数组赋值，如图 3-21 所示。

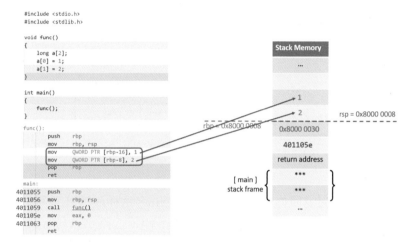

图 3-21

以蓝色基准线为基准，分别在偏移为 8 和 16 的地方写入 2 和 1。至此，函数功能完成，可以返回了。

pop 指令把事先压入"栈顶"的 rbp 值返还给寄存器 rbp，如图 3-22 所示。

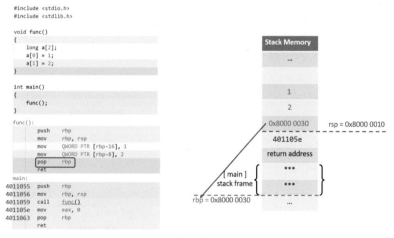

图 3-22

这样蓝色基准线就恢复到了最开始的位置，同时，"栈顶"的红色水位线也随之下降。

最后的 ret 指令跟 pop 指令类似，如图 3-23 所示。

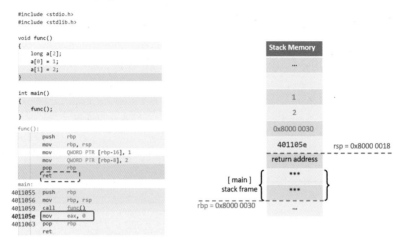

图 3-23

把"栈顶"处的返回值传给 CPU 寄存器 rip，这样，CPU 就可以跳转到主调函数 main 被打断的地方 0x401105e 继续执行了。

同时，随着"栈顶"的下降，红色水位线也随之下降。这样，红、蓝两条线都恢复到了最开始的位置。堆栈内存完璧归赵，一点儿没多，一点儿没少。一切恢复如初，就跟没有发生过函数调用一样。

至此，整个函数的调用、返回过程完成！必须称赞这种巧妙的设计，高效、简洁，还节省空间。但优点即缺点，这种就地存放返回地址的方法，既方便了函数返回，也方便了黑客入侵。

让时间倒退到给数组赋值的阶段，如图 3-24 所示。

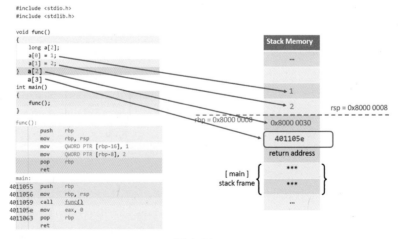

图 3-24

如果以此类推的话，数组的第 3 号元素就对应着函数的返回地址。如果我们让数组越界，强行给不存在的第 3 号元素赋值，不就可以改变函数 func 的返回地址了吗？

说干就干！我们将返回地址改为：一个恶意函数 malfunc 的内存首地址，也就是 0x401165，让我们看看运行结果，如图 3-25 所示。

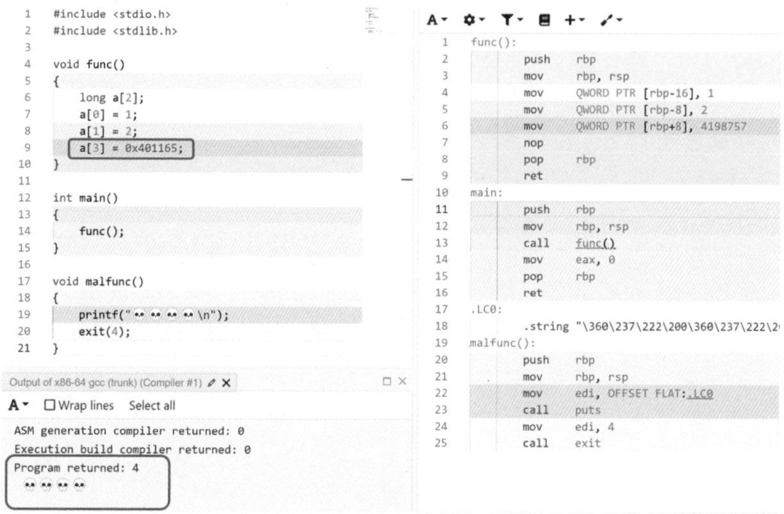

图 3-25

不出所料，输出了 4 个骷髅头！恶意函数被执行了。

● 总结

（1）主调函数，在调用函数时，会把返回地址偷偷存放在"堆栈"中。

（2）被调函数返回时，会从"堆栈"中取出返回地址，引导 CPU 跳回到主调函数。

（3）不同编译器在实现函数返回上会略有不同，但殊途同归，一通百通。

最后，函数返回的设计方法简洁、高效；但缺点是返回地址这种关键数据离临时变量太近。容易被越界访问，导致程序意外崩溃，也为黑客攻击留下了难以弥补的窟窿。

所以，用 C/C++ 编写代码对程序员的要求很高。即便语法规则滚瓜烂熟，也难以百毒不侵；需要眼中有代码，心中有指令；强大的内功才是避坑的关键。

● 热点问题

Q1: 你怎么知道 malfunc 的内存地址？

A1: 可以选择打印 malfunc 的内存地址；也可以在 Compiler Explorer 里面，打开设置，勾选 "Compile to binary"，直接显示 malfunc 的内存地址。

Q2: 章节的最后是"堆栈"溢出攻击吗？如何才能让正常的程序"堆栈"溢出呢？

A2: 是的，这就是大家常说的"堆栈"溢出攻击的基本工作原理，现实操作起来还需要考虑很多细节问题。一般来说，无论是 C/C++，还是 JavaScript 等前端开发语言，用户输入是一个"堆栈"溢出的攻击点，当输入量过大后，就很可能导致"堆栈"溢出。

Q3: 递归函数，也符合本章节所述的规律吗？

A3: 是的，递归函数也是函数，它的调用、返回机制跟普通函数完全一致。但需要注意的是，递归函数最后一定要满足"返回"条件，否则就会无穷递归下去，也就是无穷调用下去，如图 3-26 所示。

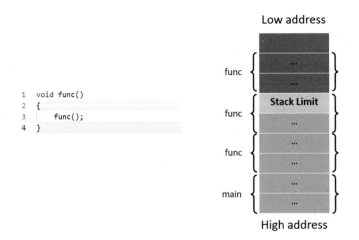

图 3-26

如你所见，无论多少行代码，CPU 都是可以执行的，但是"堆栈"内存的数量是有限的。不断地消耗内存，而不释放、归还内存，"堆栈"内存迟早会被消耗殆尽（也叫"堆栈"溢出），最终会触发操作系统或 CPU 的安全机制。这也就是为什么写递归函数时特别容易导致程序崩溃的原因。如果递归函数一直没有返回，"堆栈"溢出只是一个时间问题。

3.4 CPU 眼里的函数指针

● 提出问题

如果说指针还能勉强理解的话，那函数指针则将难度又提高了一个层次。函数指针那奇怪的定义、诡异的用法，是否让你感到头疼呢？但你可知道它的运作原理跟普通变量是非常相似的。

好了，今天就让我们用 CPU 的视角，重新认识一下函数指针。看看它后面隐藏着什么简单又不为人知的秘密。

● 代码分析

定义一个最简单的函数指针类型和一个与之对应的 test 函数；然后，写一个简单的函数 func_1，作一个函数指针的赋值；最后，写一个更简单的函数 func_2，作一个普通变量的赋值。

```
typedef void(*foo)(int);

void test(int a)
{
}

void func_1()
{
    foo func = &test;
    func(1);
}

void func_2()
{
    long a = 0x401106;
    ((foo)a)(1);
}
```

貌似函数 func_1 和函数 func_2 没有任何相同点。让我们通过 Compiler Explorer，看看它们对应的汇编指令。老规矩，不要理会每条汇编指令的具体含义，只比较二者的差异，如图 3-27 所示。

图 3-27

没想到吧？两个函数的汇编指令完全相同！所以，我们可以确定，两个函数干的都是同一件事情，都是在把 0x401106 存放在一个临时的"栈"变量里面。

所以，如你所见，函数指针跟普通变量一样，它依然是变量。对函数指针的赋值和对普通变量的赋值，在 CPU 眼里它们之间没有任何区别。

但我相信，大家还是会觉得有个地方不对劲。或许，你的编程经验在告诉你：0x401106 这个初值，绝对有故事。当一个数值长成这样时，它多半不是用来做数学计算的。让我们再看看右边的汇编指令部分，寻找一下这个数值，如图 3-28 所示。

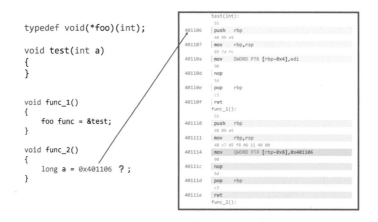

图 3-28

看到了吗？ 0x401106 是函数 test 的内存首地址。所以，如你所见，函数指针跟指针变量一样，不是用来作加减运算的，而是用来存放内存地址的。

只不过，指针变量往往用来存放某个变量的地址；而函数指针往往用来存放某个函数的首地址。

好了，一旦知道函数的首地址，我们就可以作函数调用了。3.3 节"CPU 眼里的调用和返回"，告诉我们，函数调用就是 CPU 跳转到某个函数的首地址，继续执行。

但仅仅知道函数的首地址是不够的。因为在调用之前，主调函数还需要为被调函数准备参数。如何知道函数指针需要几个参数、需要什么类型的参数呢？

相信你已经猜到了，就是预先定义的函数指针的类型，也就是看上去特别奇怪的 typedef，如图 3-29 所示。

```
typedef void(*foo)(int);

void test(int a)
{
}

void func_1()
{
    foo func = &test;
}

void func_2()
{
    long a = 0x401106;
}
```

```
void test(int a)

void test(int a, short b)

void test(int a, short b, char c)

...
```

图 3-29

它告诉我们：调用这个函数指针的时候，需要为它准备一个 int 类型的参数。要知道参数的类型不同、参数的数量不同、返回值不同，主调函数需要做的准备工作也是不一样的。具体情况，还可以参看 3.1 节"CPU 眼里的参数传递"，是不是现在感觉它也没有那么奇怪了？甚至还有点不可或缺的感觉了呢？

至此，整个函数指针的运作条件，就全部具备了！让我们做一下函数调用吧。先对函数 func_1 做常规的函数调用，再对函数 func_2 做非常规的函数调用，如图 3-30 所示。

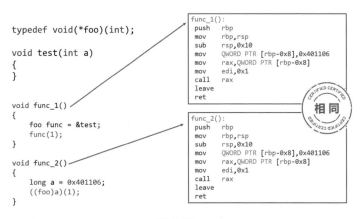

```
typedef void(*foo)(int);

void test(int a)
{
}


void func_1()
{
    foo func = &test;
    func(1);
}

void func_2()
{
    long a = 0x401106;
    ((foo)a)(1);
}
```

```
func_1():
push    rbp
mov     rbp,rsp
sub     rsp,0x10
mov     QWORD PTR [rbp-0x8],0x401106
mov     rax,QWORD PTR [rbp-0x8]
mov     edi,0x1
call    rax
leave
ret
```

```
func_2():
push    rbp
mov     rbp,rsp
sub     rsp,0x10
mov     QWORD PTR [rbp-0x8],0x401106
mov     rax,QWORD PTR [rbp-0x8]
mov     edi,0x1
call    rax
leave
ret
```

相同

图 3-30

如你所见，通过简单的类型转换，普通变量也可以化身为函数指针进行函数调用。而且，其对应的汇编指令跟常规代码没有任何区别。

这里当然不是鼓励大家编写这种非常规的代码。我们只是用它揭示一下函数指针的本质。

个人觉得，把函数指针叫作函数类型的"变量"，似乎更加清晰一点，如你所见，除了它存储的数据，在用途上有所差异外，它的实现机制跟一般的变量、指针变量非常相似。

● 总结

（1）如 2.5 节"CPU 眼里的指针本质和风险"所说的万物皆有地址，万物皆可指针，函数指针跟指针变量一样，都是用来存放内存地址的。指针变量往往存放着某个变量的内存首地址，而函数指针往往存放着某个函数的内存首地址。

当然，用普通变量存放变量或函数的地址也是可以的，但不提倡！

（2）普通变量因为用法、字节长度的不同，需要定义不同的变量类型。函数也不例外，因为参数、返回值的不同，也需要事先定义（typedef）相应类型的函数指针，从而帮助主调函数正确地给函数指针传递参数和获取返回值。

（3）传递函数指针其实就是在传递某个函数的内存首地址。谁能得到某个函数的内存地址，就能随时调用这个函数。这为编程带来了极大的便利和灵活性，例如回调函数、虚函数，都是利用函数指针来实现的。

（4）函数指针虽然灵活，但因为无法直接看出它在调用哪个函数，因此，函数指针会损害代码的可读性；随着函数指针的增多，程序的维护成本也会越来越高。

最后，无论是普通变量、指针变量，还是函数指针，它们都是变量，都是某个内存地址的别名，都是用来存放数据的。只是因为数据本身的用途不同，做了细分，透过繁华，看清本质，能减少不必要的语法记忆。

● **热点问题**

Q1：为什么我学了很久回调函数，但还是没有感觉？

A1：回调函数的本质非常简单，跟指针是一样的。如果你对回调函数没啥感觉的话，可能你对指针也会有点心里没底。不过函数指针多了一个typedef，它的用意并不复杂，但也有同学喜欢在语法规则上把它变得无比复杂，例如：定义函数指针类型的参数、定义函数指针类型的返回值，甚至嵌套地使用函数指针。其实这种复杂化的操作完全可以避免，甚至在工程和实际编程中，应该积极避免。

建议在学习上，先把指针的基础打牢固，彻底破除对指针的恐惧心理；解决了指针，函数指针的学习就容易了。最后，是多上手操作，利用Compiler Explorer，突破几个有难度的代码，夯实自己的信心。

3.5　CPU 眼里的函数返回值

● **提出问题**

请问，世界上还有比函数返回值更简单、顾名思义的语法吗？既然如此简单，你能写一个返回数组的函数吗？为什么用 C/C++ 语言编写一个返回数组的函数就那么难？

今天，让我们从 CPU 的视角，解读其中的秘密；另外，我们还要一起破除一道著名的"封建迷信"。

● 代码分析

打开 Compiler Explorer，让我们先写一个返回立即数的函数，如图 3-31 所示。

图 3-31

显而易见，函数返回，就是把数值 1 写到 CPU 寄存器 rax（eax 是 rax 的低 32 位）里面。所以，CPU 寄存器 rax 就是用来传递函数的返回值的。

然后，我们再写一个返回变量的函数；最后，再写一个返回指针的函数，如图 3-32 所示。

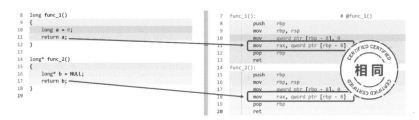

图 3-32

如你所见，它们的 CPU 指令完全相同！这也是再一次告诉我们，指针变量跟普通变量没有本质区别。它们都不约而同地在最后分别把变量 a、b 的值写入了寄存器 rax，都是在用寄存器 rax 向主调函数传递返回值。

如果一直这么清晰、明了，那该多好！可惜，硬伤还是来了。或许，你也发现了，这两个函数的返回值分别是 8 字节的变量 a 和 8 字节的内存地址，也就是指针变量 b。这对 8 字节、64 位的寄存器 rax 来说，都是可以放下的。如果返回的是一个超过 8 字节的复杂数据，那还能用 rax 来传递返回值吗？如果你是编译器，你会怎么做呢？

事实上，想通过寄存器 rax 返回超过 8 字节的数据是不可能的。例如，我们想写一个函数，让其返回数组、字符串时，编译器一定会百般阻挠，如图 3-33 所示。

```
char[] func()
{
    char a[] = "abcde";
    return a;
}
```
❌

图 3-33

　　这几乎是阉割了函数输出这个重大功能。当然，通过刚才的研究，我们已经很清楚，这是因为 64 位的 rax 寄存器只能存放 8 字节数据的原因。我们虽然无法返回整个数组，但也无法返回数组的首地址吗？所以，为了返回数组，我们常常写这样的代码：

```
char* func()
{
    char a[] = "abcde";
    return a;
}
```

　　虽然这种方式可以变相地返回数组，但无法在函数返回的同时，实现数组的赋值，如图 3-34 所示。

```
int main()
{
    char ret[5] = func();
}
```
❌

图 3-34

　　有一个变通的方法，就是把这个数组封装到例如一个类 A 里面。

　　接着，我们就可以在函数里面，给类 A 的临时对象做一下初始化，随后，就可以把这个临时对象返回给主调函数了，从而间接地把数组返回给主调函数：

```
class A{
public:
    long x[3];
};

A func_3()
{
    A a;
    a.x[0] = 1;
    a.x[1] = 2;
    a.x[2] = 3;
    return a;
}

void test_1()
{
    A ret = func_3();
}
```

或许，此时屏幕前的你，已经坐不住了，因为返回临时对象是"编程大忌"！其实不然，因为某些编译器在默认情况下，并不会在函数里面构造一个临时对象，也就是说函数体里面压根就没有临时对象。

函数 func_3 和函数 test_1，真正的样子，其实是函数 func_4 和函数 test_2 这样的，如图 3-35 所示。

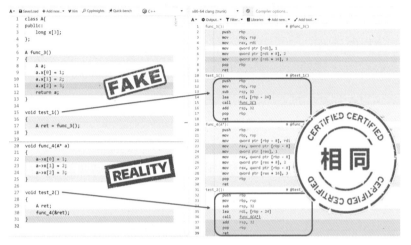

图 3-35

如你所见，两个主调函数对应的汇编指令完全一致！

func_3 和 func_4 的汇编指令，虽然乍一看不太相同，如图 3-36 所示。

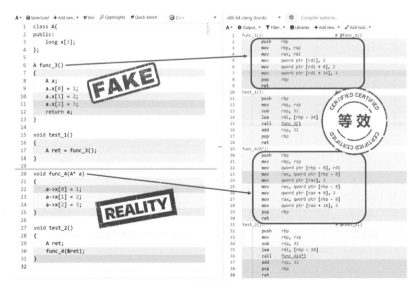

图 3-36

但它们对应的指令其实是等效的，有兴趣的同学可以自己分析一下，这里就不再赘述了。

当然，尽管这种返回临时对象的方法是安全的，本质上，还是利用指针把用于存放输出结果的变量 ret 的地址（指针），以隐藏参数的形式提前输入到函数里面。

但挑战大家的编程习惯和代码约定，无疑是得不偿失的，我们只是用来揭示问题的本质，并不鼓励写这样的代码。

或许有同学要说了，何必这么麻烦呢？直接返回数组的地址不就可以了？是的！不过这就真的要面对返回临时对象或变量的问题了。

江湖上流传着一句话：返回临时对象，就跟使用"野指针"一样，会导致任何事情的发生。例如，硬盘被突然被格式化！

当时，看到这样的文字，真的让人不寒而栗。好吧，今天阿布就冒着把 Compiler Explorer 服务器格式化的风险，验证一下，返回临时变量到底会发生什么？

先写一个返回临时数组的函数，然后做一下这个函数的调用，并打印数组的第一个元素。最后，看看运行结果，如图 3-37 所示。

图 3-37

非常遗憾，什么怪事都没有发生。尽管函数调用已经结束了，但从打印结果上看，临时数组的值还是被完好地保存了下来。这是为什么呢？

其实 3.2 节 "CPU 眼里的函数括号 {}" 已经给出了答案，随着函数的逐层返回，函数的 "栈帧" 会被就地放弃，但不会清理内存。这就是临时数组的值被保存下来的原因。

但这并不稳定，因为任何一次函数调用，都可能改写堆栈的内容。让我们再写一个类似的函数 func_6；调用完函数 func_6 后，再看看数组的值，如图 3-38 所示。

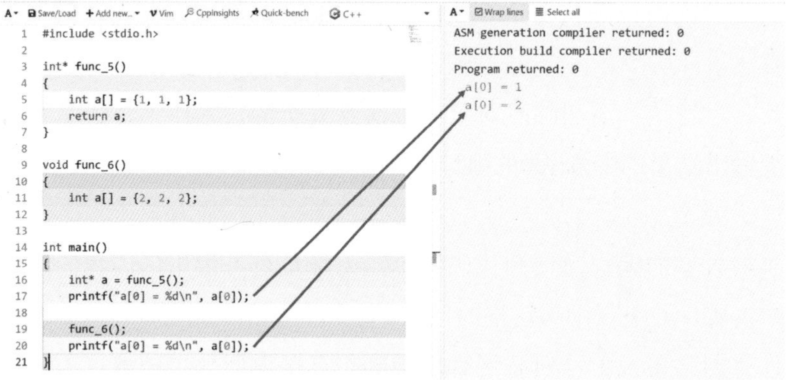

图 3-38

这个结果跟你的预期一致吗？不出意外，刚才的 func_5 中的栈变量 a[]，被 func_6 改写了。

阿布当然不支持在 C/C++ 语言中返回临时变量或临时对象。但也不支持为了一个正确的结果，就讲一个"鬼"的故事吓人。

同时，阿布也觉得这个返回值问题是 C/C++ 语言的硬伤：如果说函数的返回值不能使用，那么函数为什么还要返回值呢？这不是在故意制造隐患吗？相信，很多资深开发者一定遭遇过这种"暗箭"。

当然，我们不能一味苛责 20 世纪的编程语言，把什么事情都考虑得尽善尽美；或许，也正是这些问题的存在，让编程语言从未停止过发展的脚步。今天，我们在很多开发语言中（例如：Java、Rust、Go、Python）已经看不到这条不能返回"临时"变量 / 对象的诡异规则了。

● 总结

（1）对于返回原生的数据类型（int、short、long）和指针、引用类型时，往往会使用寄存器 rax，向主调函数传递返回值。

（2）对于返回复杂数据类型，例如结构体、类对象、数组、字符串时，则需要避免返回"栈"变量或"栈"对象。这往往需要开发者提前预留或申请（malloc/new）内存，用于保存函数的返回结果。

（3）返回值问题的本质还是内存问题。"堆栈"内存中的数据是不稳定的，随时可能被某次的函数调用改写。所以，"堆栈"内存中的数据，无论是用来作返回值，还是其他用途，都是不可靠的！ C/C++ 默认不会对"堆栈"数据进行内存管理和垃圾回收，所以在返回数据时，需要对数据的生命周期有精确、严密的控制。相比之下，Java、C#、Python 则没有这样的烦恼，这也让它们的 API 看上去更加易用。

最后，我们或许并不用争论哪种语言才是宇宙第一。凡事有弊有利，拥抱多元文化，扬长避短，合作共赢，也未尝不可。

● 热点问题

Q1: 很多书上都会强调：func_3 会定义内部的临时对象，并在函数返回的时候，调用"拷贝构造"函数用来作返回值。为什么在这里没有体现出来呢？

A1: 在实际操作中，一些编译器会默认优化这种返回值的处理，从而导致"拷贝构造"函数没有被调用。其实仔细思考一下，这是有道理的，因为"临时对象"的生存周期仅仅在函数内部有效，既然脱离不了函数内部这个生命周期，显然也不可能用它作返回值，所以自然没有构建这个"临时对象"的必要了。

如果大家想看一下完整的过程，可以打开 fno-elide-constructors 这个优化选项，这样你就可以看到一个完整的过程了，如图 3-39 所示。

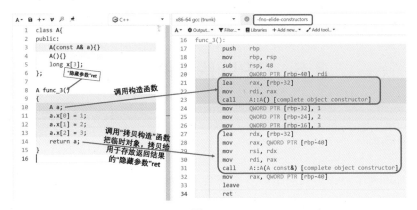

图 3-39

大家也可以自己思考一下，你觉得在函数 func_3 里面建立临时对象 a，是否有这个必要呢？是不是直接对用于作返回值的"隐藏参数"ret 赋值会更加方便呢？

Q2: 为什么 Java 的函数里面，可以返回临时变量或临时对象呢？

A2: Java 虽然在形式上跟 C/C++ 语言一样，可以在函数内部定义临时变量。但 Java 的"临时变量/对象"并没有保存在 stack（堆栈）上面，而是保存在相对持久、稳定的"堆"上面，可供开发者稳定使用。系统的内存回收机制，会在确保无人使用"临时变量/对象"后，再对其进行"垃圾回收"，而不会因为函数的返回而立即失效或无人维护。

Q3: 为什么一些有内存管理机制的编程语言（例如 Java），它们也是用 C 编写出来的，但是却不容易出这种问题呢？

A3: 高水平的程序员用汇编语言也能写出严谨、可靠的程序，这些高水平的程序员对程序的认识，早就超越了语法层次，夸张地说，他们就是 CPU 本身。但软件工业不能只靠精英程序员推动，需要更多的普通人参与，因此适合大众程序员的语言也很重要。

Q4: 所谓"格式化硬盘"的说法，只能说把未定义的行为特化了，未定义的行为大部分是毫无意义的或者只会造成一些奇怪的影响，真想实现格式化硬盘这种明确、复杂的目标，还是非常困难的，对吗？

A4: 是的。个人觉得"格式化"的说法，有文学加工的成分，如果使用得当，可以助于理解，但也容易产生新的问题。阿布比较倾向于如实地描述过程，尽量减少主观加工，有一说一。当然，这也可能导致内容枯燥，直接劝退初学者。

3.6 CPU 眼里的堆和栈

● 提出问题

前面的章节，我们提及了很多次函数"堆栈"（stack），可以说没有"堆栈"这种特殊的数据结构，就没用函数调用。阿布也特别喜欢"堆栈"这个翻译，因为它形象地描述了"堆栈"的堆叠结构，很好地展示了该数据结构的特点。

但为了避免跟本节讨论的另一个数据结构"堆"（heap）混淆，在本节，我们一律将"堆栈"（stack）简称为"栈"。

其实，"堆"（heap）和"栈"（stack）并不是一个陌生的话题，相反，它们在编程实践中经常被程序员提及。因为，不管你是否意识到它们的真实存在，你都在使用它们。因为它们如此重要，所以为了正确地区分、使用它们，很多同学都对它们的规则、特性倒背如流。

这里我们将尝试从 CPU 的视角，重新认识一下"堆"和"栈"。希望能减轻一点记忆的痛苦，并给你带来一些不同的启发。

注意：我们这里说的"堆"和"栈"，是指程序运行所必备的"堆"和"栈"。不是由程序员自己编写的"堆"或"栈"的数据结构，虽然二者的原理相同，但使用场景并不一致。

● "栈"的分析

好了，一切从程序的运行开始，我们编写一个世界上最简单的代码：

```
int main()
{//thread A
}
```

经过编译器编译后，生成的可执行程序是 a.out，随后我们双击运行。在操作系统将 a.out 中唯一的函数 main 加载到内存后，尽管我们没有定义任何变量，也没有进行任何函数调用，无论我们的程序需要与否，操作系统都会附送一段内存块给我们，如图 3-40 所示。

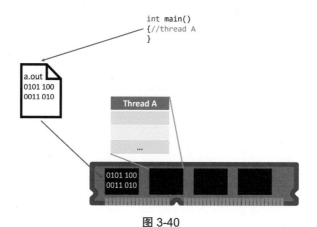

图 3-40

这就是"栈"。当然这个内存块不大，有几十千字节的，也有几兆字节、几十兆字节的。具体大小，一般由操作系统决定。

3.3 节"CPU 眼里的调用和返回"告诉我们:这个"栈",未来将承载着记录函数返回地址、提供临时变量的内存空间等职责。所以,只要我们使用函数,这个"栈"就必须存在,它是函数运行的前提。

如果此时,我们又创建了一个线程 B,会发生什么事情呢?如图 3-41 所示。

```
int main()
{//thread A
    pthread_t t;
    pthread_create(&t,0,*thread_main,0);
}

void *thread_main(void *ptr)
{//thread B
    return 0;
}
```

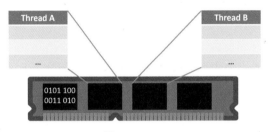

图 3-41

如你所见,我们也需要为线程 B 提供一个类似 main 函数的起始运行函数 thread_main。所以,为了保证线程 B 可以顺利地使用函数,操作系统也会为线程 B 准备一个同等大小的内存块,用来作为线程 B 的"栈"。从此之后,主线程 A 和线程 B 就可以独立运行了。

如果再增加一下难度,让线程 A 和线程 B 同时调用函数 func,如图 3-42 所示。

```
int main()                                int func()
{//thread A                               {
    pthread_t t;                              int a = 0;
    pthread_create(&t,0,*thread_main,0);
    func();                                   if(a == 0)
}                                                 a = 1;
                                              else
void *thread_main(void *ptr)                      a = 2;
{//thread B                                   return a;
    func();                               }
    return 0;
}
```

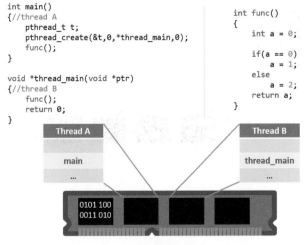

图 3-42

那函数 func 在执行完后，它怎么知道要返回到函数 main，还是返回到函数 thread_main 呢？

其实它们的返回地址，分别存储在线程 A 和线程 B 的"栈"里面。所以，它们不会相互干扰，这样，线程 A 调用完函数 func 后，会根据自己"栈"中的信息，返回到函数 main；线程 B 调用完函数 func 后，则会返回到函数 thread_main。

那会不会因为线程 A、线程 B 对函数 func 的调用顺序不同，而导致函数 func 的返回值不同呢？如图 3-43 所示。

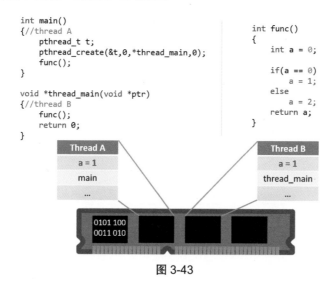

图 3-43

如你所见，尽管线程 A 和线程 B 运行的都是同一个函数 func 的代码。但函数 func 里面的变量 a，却分别保存在线程 A 和线程 B 的"栈"里面，它们是完全独立的，不会相互干扰，所以，函数 func 返回时，变量 a 的值一定是 1。当然，如果变量 a 是 static 的，那就另当别论了。

总的来说，"栈"在使用起来往往是自动、无感、高效的。每次的函数调用、分配临时变量，都是在申请"栈"内存；每次函数返回，则是在释放"栈"内存。

所有这些操作，只需要简单移动一下栈顶指针，也就是改变 CPU 寄存器 rsp 的值，就可以完成了，如图 3-44 所示。甚至，对"栈"内存的读、写操作，往往也是一条 CPU 指令，就能解决。

有趣的是，函数也不知道会有多少个线程调用它。所以，哪个线程调用它，它就操作哪个线程的"栈"，如图 3-45 所示。

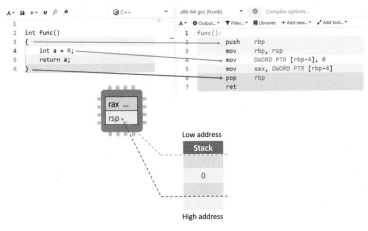

图 3-44

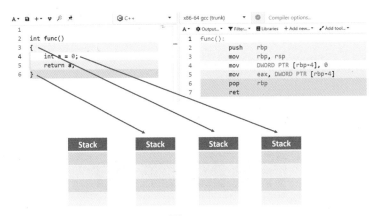

图 3-45

当然，这些规则比较隐晦，需要我们对函数运行原理有比较清晰的认识。如果大家不清楚阿布在说什么，请回看 3.2 节 "CPU 眼里的函数括号 {}"。

● "栈"的生长方向

好了，说了这么多假、大、空的话，该做点实事了。写一个简单的函数 stack，打印一下函数内临时变量 a 的值和地址，随后继续递归调用函数 stack，如图 3-46 所示。

如你所见，随着函数的调用，变量 a 的值没有变化，一直是 0；但它的地址一直在变化。从趋势上看，变量 a 的内存地址的值在逐层降低。这也验证了那句话："栈"的生长方向或者说消耗、申请方向，是由高端内存向低端内存"生长"的。

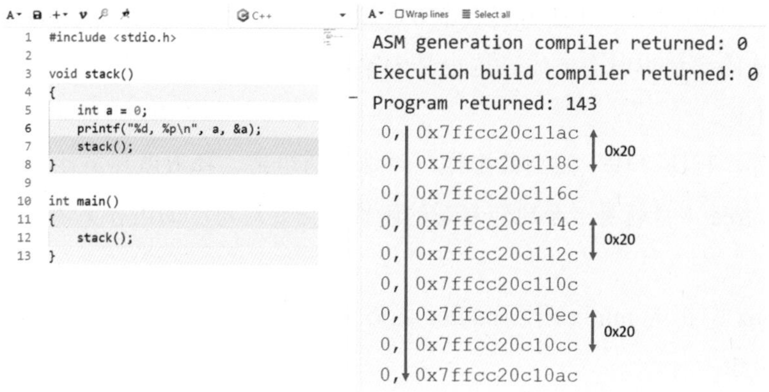

```
1  #include <stdio.h>
2
3  void stack()
4  {
5      int a = 0;
6      printf("%d, %p\n", a, &a);
7      stack();
8  }
9
10 int main()
11 {
12     stack();
13 }
```

```
ASM generation compiler returned: 0
Execution build compiler returned: 0
Program returned: 143
0, 0x7ffcc20c11ac
0, 0x7ffcc20c118c      0x20
0, 0x7ffcc20c116c
0, 0x7ffcc20c114c
0, 0x7ffcc20c112c      0x20
0, 0x7ffcc20c110c
0, 0x7ffcc20c10ec
0, 0x7ffcc20c10cc      0x20
0, 0x7ffcc20c10ac
```

图 3-46

同时，由于我们的递归调用十分规律，所以，每个变量 a 之间的内存地址间隔也是非常固定的 32（0x20）字节。

● "堆"的分析

好了，说完"栈"，我们再说"堆"。跟"栈"一样，一般情况下，"堆"也是操作系统附送给我们的。不同的是，"堆"的内存空间往往比较大，可以用来存放一些超大的数据。

而且不同于"栈"的隐晦，"堆"的使用非常明确、清晰：

```
int main()
{
    int* p = (int*)malloc(4);
    free(p);

    p = (int*)calloc(4, 1);
    free(p);

    realloc(&p, 4);
    free(p);

    p = new int(10);
    delete p;
}
```

程序员需要通过 malloc、calloc、realloc 函数或 new 操作来申请堆内存。只要能得到这个内存块的地址，线程 A、线程 B 都可以随时访问这块内存。

至于释放"堆"内存，也需要程序员通过手动地调用 free 或 delete 来归还、释放内存。

总的来说，"堆"在使用起来非常直接，看上去也比较可控。但 malloc 之后，忘记 free 的事情也时有发生。这也是大家常说的内存泄露。但阿布感觉这更像是借钱不还。

另外，相比"栈"的高效操作，"堆"的申请、释放就显得比较慢。因为 malloc、free 本身就是一个比较复杂的函数。需要对每次的内存申请操作，进行管理。

Linux 的祖先 minix 关于 malloc 函数的代码可以扫描右侧二维码获取。

malloc 函数代码

它的总代码量达到 1300 多行。而且，在多次 malloc 和 free 后，一大块完整的堆内存会慢慢变得支离破碎，这也就是大家常说的内存碎片。

例如，这是一段完整的"堆"内存块，如图 3-47 所示。

图 3-47

先做 3 次 malloc 操作，如图 3-48 所示。

图 3-48

再做 1 次 free 操作，如图 3-49 所示。

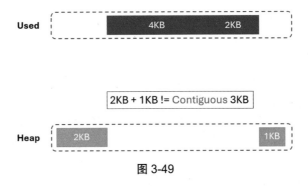

图 3-49

如你所见，我们现在已经无法从"堆"中分配出一个连续的 3KB 的内存块了。

● "堆"的生长方向

再写一个简单的函数 heap，我们连续做 4 次的 malloc 操作。每次只申请 4 字节的内存，并打印对应的内存地址，如图 3-50 所示。

```cpp
1  #include <stdio.h>
2  #include <stdlib.h>
3
4  void heap()
5  {
6      int* p = (int*)malloc(sizeof(int));
7      printf("%p\n", p);
8
9      p = (int*)malloc(sizeof(int));
10     printf("%p\n", p);
11
12     p = (int*)malloc(sizeof(int));
13     printf("%p\n", p);
14
15     p = (int*)malloc(sizeof(int));
16     printf("%p\n", p);
17
18     p = (int*)malloc(sizeof(int));
19     printf("%p\n", p);
20 }
21
22 int main()
23 {
24     heap();
25 }
```

```
ASM generation compiler returned: 0
Execution build compiler returned: 0
Program returned: 0
0x4a12b0
         ↕0x1020
0x4a22e0
0x4a2300
0x4a2320
         ↕0x20
0x4a2340
```

图 3-50

如你所见，指针变量 p 的值，也就是所得内存块的内存地址，在不断升高。这也验证了那句话："堆"的生长方向是由低端内存向高端内存生长的。

或许你也发现了，虽然每次调用 malloc 的代码，也是非常有规律的，但每次得到的内存地址，也就是指针变量 p 的值，都是无规律变化的！这也暗示 malloc 的分配策略是比较复杂的，内存碎片或许正在悄悄产生。

● 总结

（1）"栈"内存由操作系统分配给每个任务（线程）私用，不可共享。但由于"栈"往往得不到 MMU 的特殊保护，所以，这种愿望或许是难以实现的。因为只要得到某个栈变量的地址，线程 A 和线程 B 就可以相互攻击、黑化对方的"栈"。而"堆"内存，往往可以被多个任务（线程）共享，所以，保证数据的完整性就显得非常必要。

（2）"栈"内存的空间一般比较小，多用于存放"栈"变量、返回地址等函数的栈帧信息。但过深的函数调用或者递归调用，会有"爆栈"（也叫"堆栈"溢出、stack overflow）的风险。一般随着函数的逐层调用，函数会自动地申请"栈"内存；随着函数的逐层返回，函数也会自动地回收"栈"内存。一般情况下，不会产生内存碎片和内存泄漏。而堆的内存空间相对比较大，可用于存放较大的数据。堆内存的申请、释放，只能由程序员编写相应的代码，调用特定的函数，手动申请、释放。但随着程序的复杂，内存碎片、内存泄漏会时有发生。

（3）"栈"的访问效率极高，特别是申请、释放内存的操作，都被编译器高度优化。往往只需要一条 CPU 指令（push、pop），改变一下 CPU 寄存器 rsp 的值，就能完成任务。而堆的申请、释放函数就会复杂许多，多次使用后还会产生内存碎片。

至于在没有操作系统的时候，"堆"和"栈"就需要程序员手动划分内存空间。相信做过单片机开发的同学，对此一定不陌生。

● 编程轶事

内存泄漏，有时候是暴风骤雨式的，有时候是水滴石穿式的。阿布曾经参与开发了一款物联网设备，该设备在连续运行两周后，一定会宕机。经过事后分析，得知是由于 malloc 失败所致。一般来说，物联网设备对内存的消耗是很少的，出现这种情况的原因往往是忘记 free，也就是内存泄漏。

可代码中的 malloc、free 成百上千，谁知道哪个 malloc 跟哪个 free 配对呢？为了解决这个问题，我们根据 4.6 节 "CPU 眼里的 malloc 和 new" 的样子，重写了 malloc 函数，我们在调用系统默认的 malloc、free 函数之前，增加了对主调线程（任务）的"函数调用栈回溯"，用于记录是哪个任务、哪个函数流程在做这次内存的申请、释放。

随后，就是等，等设备运行了 13 天后，我们 dump、分析了所有的 malloc、free 信息，发现 malloc 的次数远远大于 free 的次数。也顺利找到了 malloc 次数最多的线程（任务）。由于每次申请的内存比较少，所以，彻底消耗完所有的内存，需要 2 周左右。在为其正确地添加了必要的 free 操作后，我们已经很难看到设备宕机了。

最后，尽管依靠严格的编程规范和极高的编程修养，可以避免内存泄漏，但"内存碎片"几乎无法避免。所以，为了保证安全性、可靠性，今天很多的军用、航天设备，都不主张使用动态内存分配（malloc、free、new、delete），而是尽量地使用静态内存。

● 热点问题

Q1: malloc 跟"堆"（heap）是什么关系？

A1: "堆"（heap）一般是操作系统附送给应用程序的一段内存块，在程序运行的时候，如果需要动态分配一些内存的话，我们往往通过函数 malloc 从"堆"里面申请内存，当然，使用完毕后我们往往会通过 free 函数，归还刚才申请的内存，从而保证"堆"这个内存块是充裕的。当然，如果申请的内存量过大，超过了"堆"内存的默认空间大小时，操作系统往往也提供相应的系统调用，用以扩充"堆"内存的空间。

Q2: 使用 malloc 做动态内存分配，会产生碎片，分配速度也慢，那使用它有什么好处呢？

A2: 相比静态内存分配，动态内存分配的内存使用效率比较高。需要使用内存的时候就申请，使用完了就释放、归还。这样，即使一小块内存，也可能同时满足多个线程、任务对内存的需求。

相反地，像全局变量、静态变量，它们所占据的静态内存，从编译的时候就决定了它是永久归属的。无论当前使用与否，它们都会占据这个内存，直到程序的生命周期结束。

Q3: 如果一个函数还没用运行，程序就被用户强制退出，会产生内存泄漏吗？

A3: 一般情况下，是不会产生内存泄漏的。因为程序运行时，所占用的所有内存资源（包括"堆"、"栈"、数据段、代码段），操作系统都有相应的记录。在操作系统得到用户强制退出的命令时，操作系统往往会先释放、回收该程序占据的所有内存、文件等资源。

Q4: "堆排序"，跟这里说的"堆"是什么关系？

A4: 没有任何关系。"堆排序"是对一种排序算法的形象描述。我们这里说的"堆"是指一般由操作系统提供给程序运行的内存块。

3.7 函数实验回溯函数调用关系

● 提出问题

通过前面几个章节的学习，我们好像已经完全了解了函数的工作原理。但如何证明阿布不是在瞎说呢？或许我们可以通过一个实验，验证阿布的话是真是假。

本书口口声声地说：任务（线程）"堆栈"里面包含着特别敏感的信息，这些信息能帮助所有的被调用函数，顺利地返回到主调函数的调用点，并继续往下执行。如果真是这样，即使没有调试器（GDB）的帮助，我们仍然可以手动地回溯出完整的函数调用路径，对吧？

● 代码分析

说干就干，让我们写一段函数调用的程序，调用关系为 main → func1 → func2 → traceback，如图 3-51 所示。

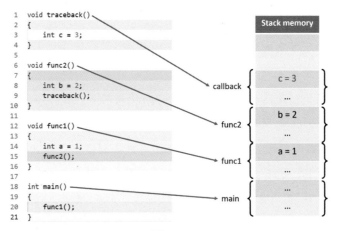

图 3-51

我们希望在最后调用到函数 traceback 的时候，traceback 可以将一系列的函数调用轨迹回溯出来。想做到这一点并不难。因为按照前面几个章节的描述，每个函数的返回地址都应该依次记录在图 3-51 右侧的堆栈内存里面，为了便于展示"堆栈"的堆叠结构，下面是高端地址，上面是低端地址。

由于在当前的编译条件下，函数地址都是 32 位（4 字节）的，我们只要按

照 4 字节的宽度筛查一下，就可以过滤出函数的返回地址。所以，基于这样的
考虑，我们的 traceback 代码大概应该是这样的：

```
void traceback()
{
    int c = 3;

    for(int i = 0; i < 32; i++)
    {
        int* value = stack_top + i;
        if(*value > code_start && *value < code_end)
        {
            printf("%x\n", *value++);
        }
    }
}
```

简单起见，我们只回溯了 32 * 4 字节的堆栈内存。但是，我们还是要面临
两个问题：

（1）扫描内存的起始地址是多少？也就是"堆栈"栈顶的内存地址是多少？

通过查看上面的图，我们很容易知道变量 c 的内存地址是非常接近"栈顶"
的，所以从变量 c 的内存地址开始扫描堆栈就好了。

（2）堆栈内存的筛查标准是什么？

通过打印了几个函数的内存地址后，或者查阅编译器生成的 map 表后，我
们发现了一个明显的规律：函数地址大概分布在 0x401100 ～ 0x401200 之间。
输出 map 表的方式可以参考这个命令：gcc test.c -Xlinker -Map=my.map。

好了，在解决了以上的问题后，我们就可以写出完整的 traceback 函数了，
让我们运行一下，看看函数的运行结果（位于图片的右侧），如图 3-52 所示。

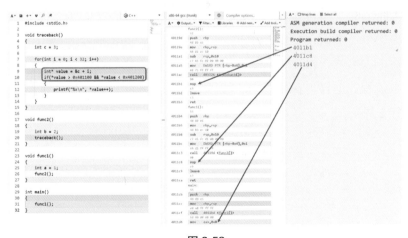

图 3-52

通过打开"Link to binary"的编译选项后，我们可以很清楚地看到：0x4011b1 对应着函数 traceback 的返回地址；0x4011c8 对应着函数 func2 的返回地址；0x4011d4 对应着函数 func1 的返回地址。

所以函数的调用顺序依次是：main → func1 → func2 → traceback。不过在实际编程中，我们一般无法直接看到各个函数的内存地址。为了了解程序代码的函数地址信息，一样可以通过查阅 map 表的方式得到。基本上，所有的编译器都支持 map 表。

● 编程轶事

阿布曾经入职过一个非常友善的初创公司。由于历史问题，软件代码比较复杂，稍有不慎就很容易导致软件崩溃，进而让整个机器宕机。当时，能让机器连续运行 1 个小时都不是一件容易的事情，老板很想彻底解决这个问题，但写代码的同事早已经换了好几波了，老人肯定是找不到了，只能让新人来解决这个问题了。

其实，前几代程序员也研究过这个问题，一般来说，连上调试器，找出错误并不麻烦。可遗憾的是，嵌入式环境不像 PC，没有完整、可靠的工具链。要么没有调试器，要么加上调试后软件行为变化很大。似乎只能靠人工，在茫茫的代码海洋中寻找可能有问题的代码。

阿布在研究了一下系统的软、硬件特性后，了解到程序在出现异常前，也就是在崩溃之前，一定会运行某个异常处理（大部分操作系统，例如 Linux 或者 CPU 都具备这样的机制），于是就在这个异常处理函数中，添加了本节所写的 traceback 函数。由于系统在正常运行的时候不会运行这个"多余"的 traceback 函数，所以，它对系统的影响几乎为 0。

随后，大家就开始坐等系统宕机，每次宕机，我们都能精准定位到导致宕机的函数流程。这样，在修复完 5 处导致宕机的 bug 后，我们的机器已经可以连续运行 2 周了。

第4章　C++ 特性

阅 读 建 议

恭喜大家完成了前面内容的学习！有了前面对 C 和 C++ 通用知识的探索，再学习 C++ 的特性就没有那么吃力了。相信完成了这一章的学习，您将对 C++ 那些怪异的语法会有更加清晰的认识，从而摆脱索然无味的记忆工作。

当然，今天的 C++ 已经非常庞大了，主要有两个部分：一个是基本的语法规则；另一个就是 C++ 标准模板库（STL）。我们这里只讨论 C++ 的基本语法，相信有了坚实的基础，未来学习、加深 STL 也会如鱼得水。

本章节的难度适中，但我们并不打算只停留在语法解读上，我们还会对"面向对象"的设计技巧作一些探讨，这些设计技巧为什么有存在的必要？用 C 语言可以编写出"面向对象"的代码吗？用 C++ 作"面向对象"的优势是什么？"面向对象"和"面向过程"到底有什么区别呢？或许我们可以在本章节找到一些启发。

当然，为了突出重点，我们并没有覆盖所有的语法规则，我们鼓励读者在掌握本章节提供的分析方法后，自己亲手实践、验证、分析那些年，曾经高高在上的语法规则。

4.1　CPU 眼里的 this

● 提出问题

　　了解 C++ 的同学，一定知道 this 指针。this 指针感觉像个幽灵，你说它存在吧，你不知道它从哪里来，到哪里去；你说它不存在吧，任何一个成员函数，都可以凭空变出一个 this 指针出来：

```
class A
{
public:
    A* mFunc()
    {
        return this;
    }
};
```

　　虽然很多书籍都对 this 指针作了解释，阿布也尊重任何版本的解释。但今天，我们只从 CPU 的视角再来看看这个问题。或许，你会发现 this 指针比想象中要简单许多。

● 代码分析

　　打开 Compiler Explorer，编写一个世界上最简单的类，再编写一个世界上最简单的成员函数 mFunc，然后，我们再写一个世界上最简单的普通函数 func，最后，写一个 main 函数，做一下函数调用，如图 4-1 所示。

　　让我们对比一下成员函数和普通函数，看看它们到底有什么区别？

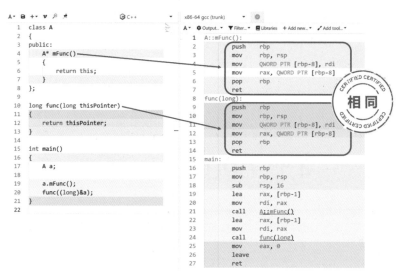

图 4-1

老规矩，你不需要知道汇编指令的意思，我们只比较它们的差异。如你所见，它们的汇编指令完全相同，成员函数跟带参数（thisPointer）的普通函数 func 在实现细节上是完全一致的。

所以，我们猜成员函数应该存在一个"隐藏"的参数，它就是 this 指针。现在，你知道 this 指针是如何凭空产生的吗？ this 指针是每一个成员函数必备的默认参数，只是 C++ 语法规则将它隐藏起来了而已。

那是谁给成员函数输入了这个 this 指针呢？让我们再看看调用部分，如图 4-2 所示。

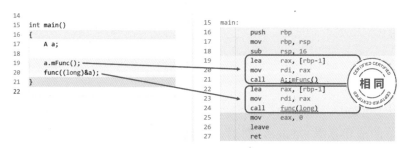

图 4-2

显然，调用成员函数与调用普通函数的 CPU 指令又是完全一致！所以，从 CPU 的视角上看，输入 this 指针，就是输入对象 a 的内存地址。

当对象调用成员函数时，都会把自己的内存地址，也就是所谓的 this 指针，通过 CPU 寄存器 rdi 传递给成员函数。

● 总结

　　（1）this 指针不是幽灵，它不能凭空产生。它是每一个成员函数必须具备的"隐藏参数"，其实现方式跟有参数的普通函数完全一致。

　　（2）调用成员函数时，必须为成员函数传递 this 指针，也就是该对象本身的内存地址。不要忘了，指针的本质就是内存地址。

　　最后，阿布很欣赏 this 这种简洁的语法操作。但如果能大方地承认，成员函数都会有一个隐藏参数 this，这样，会不会更清晰呢？

● 热点问题

Q1: this 指针的传递，在 x86 平台上，好像是通过 ecx 寄存器完成的？

A1: 是的，不同平台，不同编译器，对参数传递的方式略有不同，但大多都是通过寄存器传递，至于选择什么寄存器，原则上可以随意发挥，但不同编译器，会有自己不同的规则。不过，天下武功，殊途同归，它们要做的事情都是一样的。

Q2: this 指针是不是就相当于 Python 的 self，只是 C++ 把 this 参数省略了？

A2: 十分赞同你的思考。很多编程语言，它们都有相似的使用方法和实现逻辑。C/C++ 更加偏向底层，这也让我们有机会用 CPU 的视角细致地观察它的运行细节。

4.2　CPU 眼里的构造函数

● 提出问题

　　构造函数，可能是 C++ 世界里最神奇的一类函数了，拥有着比较复杂的语法规则。例如，派生类的构造函数和基类的构造函数，它们之间是谁调用谁呢？

　　这里，我们将从 CPU 的视角，重新解读这类神奇的函数。或许看完本节后，构造函数的神秘面纱将不复存在。

● 代码分析

打开 Compiler Explorer，编写一个世界上最简单的类 A 和它的构造函数；
再编写一个最简单的普通函数；最后写一个 main 函数，做一下调用，如图 4-3
所示。

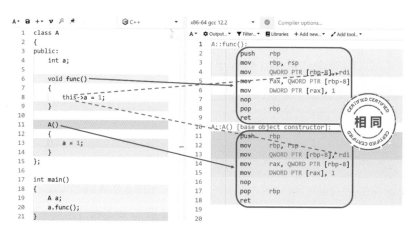

图 4-3

好了，不用理会汇编指令的含义，直接对比构造函数和普通函数的汇编指令。

很显然，它们是完全一致的！就连隐藏参数 this 指针，也是一样的套路。
没想到吧？即使是构造函数，也不能免俗，也会偷偷通过寄存器 rdi，接受主调
函数传递过来的 this 指针。

再看看调用部分，如图 4-4 所示。

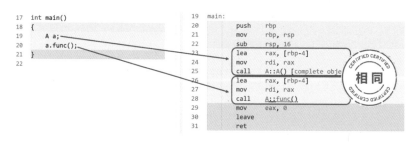

图 4-4

不出所料，依然是完全相同，跟普通成员函数一样，调用构造函数的时候，
也需要通过寄存器 rdi，为构造函数传递一个"隐藏参数" this 指针。

所以，在没有继承的情况下，构造函数跟普通函数没有任何区别。让我们
增加一点难度，编写一个最简单的派生类 B 和它的构造函数，如图 4-5 所示。

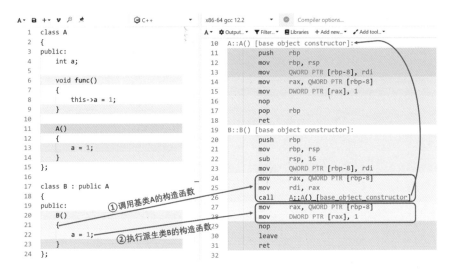

图 4-5

对比一下 A、B 的构造函数，我们发现 B 的构造函数，是分两步操作执行的。

第一步：先调用基类 A 的构造函数。其中，前 2 条指令，用来传递 this 指针；第 3 条指令，用来调用类 A 的构造函数。这也就是为什么派生类构造函数总会调用基类构造函数的原因。

第二步：执行派生类 B 的构造函数，也就是执行 a = 1。

其实，这就是一个普通的函数调用而已，只是用语法规则解释起来非常拗口。再加上很多名词的发音相近，记混也是常有的事情。相信有了今天的解释，大家一定会知其然，也知其所以然了。

最后，让我们再增加一个终极难度，虚函数。把类 A 的普通函数，变成虚函数。此时，你会发现 A、B 的构造函数都会多出 3 条指令，如图 4-6 所示。

从字面意思上，可以猜出来，这是在记录虚函数表的地址。

原来，一旦定义了虚函数，类 A、类 B 就会多出来一个"隐藏"的指针类型的成员变量，专门用来存放该类的虚函数表的内存地址。

A 的构造函数，只会记录 A 的虚函数表的地址；B 的构造函数，只会记录 B 的虚函数表的地址。从而保证 A 和 B 的实例在调用虚函数的时候，能区分你我，井水不犯河水。这也就是所谓的动态绑定！

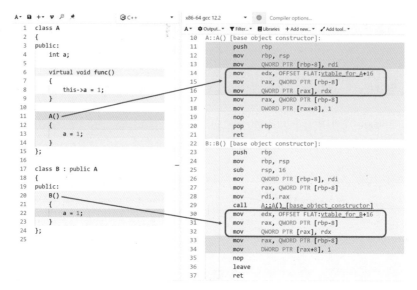

图 4-6

其实，阿布对"动态绑定"这个概念是无感的。因为，如你所见，所有的虚函数绑定，早在构造函数的时候，就安排好了。

至于虚函数表，大概长这个样子，如图 4-7 所示。

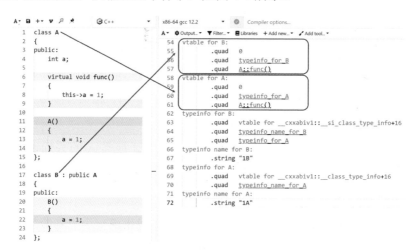

图 4-7

图中分别指示了类 A 的虚函数表和类 B 的虚函数表。它们记录了各自的虚函数的内存地址，例如 A::func，需要注意的是，由于类 B 没有重载类 A 的虚函数 func，所以类 B 的虚函数表中仍然记录的是类 A 的虚函数 func 的内存地址。虽然无比简单，却隐藏着虚函数的工作原理，我们在随后的章节里面会更加详细地解密虚函数的秘密。

● 总结

　　（1）构造函数跟普通函数一样,都需要夹带一个隐形的参数: this 指针。

　　（2）派生类的构造函数, 还会夹带调用基类的构造函数。

　　（3）如果存在虚函数, 构造函数会记录虚函数表的地址, 并保存在一个隐藏的成员变量里面, 随身携带, 随用随取 ; 这个隐藏的成员变量, 往往位于对象的内存首地址。

● 热点问题

Q1: 是不是所有的成员变量, 都会被构造函数赋初值? 成员变量可以在成员函数中被赋初值吗?

A1: 哪些成员变量会被赋初值往往是由构造函数决定的,程序员必须编写代码, 手动为特定或所有的成员变量赋值。当然, 我们也可以选择在成员函数中为成员变量赋值, 但还需要我们手动调用这个成员函数。而构造函数的调用往往是自动完成的。因为编译器会在编译阶段帮我们在合适的地方调用构造函数。

　　如你所见 : 在 main 函数中, 定义类 A 的对象 a 的时候, 构造函数就会被自动调用。

Q2: 如果不定义构造函数会怎么样呢?

A2: 如果不定义构造函数, 往往也能通过编译, 甚至不影响程序的运行。但构造函数往往用来作成员变量的初始化。如果不定义构造函数, 类对象的成员变量的初值取决于类对象的存储位置, 这些成员变量既可能全是 0, 也可能是随机值。

4.3　CPU 眼里的虚函数

● 提出问题

　　虚函数拥有颇为复杂的语法规则。同时, 虚函数作为 C++ 的重要特性。让人又爱又怕；爱它功能强大，但又怕驾驭不好，被它反咬一口。这里让我们从 CPU 的视角，撕掉语法的伪装，重新认识一下虚函数。

● 代码分析

打开 Compiler Explorer，写一个世界上最简单的类 A；写一个普通成员函数 func；再写一个虚函数 vfunc；最后，分别写两个函数，做一下函数调用，如图 4-8 所示。

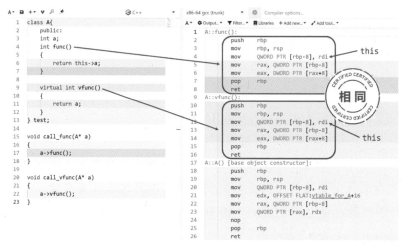

图 4-8

让我们先比较一下普通成员函数体与虚函数体有什么差异？老规矩，不要理会汇编指令的含义，我们只比较指令的差异。

显然，两个函数是完全一致的！虚函数跟普通函数一样，都会夹带一个隐藏参数，即 this 指针。所以，如你所见，虚函数在实现方面，跟普通函数没有任何区别！

让我们再看看调用它们的时候会有什么不同，如图 4-9 所示。

通过对比，我们发现大部分地方也是相同的，比如前两条指令都是通过寄存器 rdi 输入隐藏参数 this 指针。

最大的区别是，调用普通成员函数 func 时，直接 call 函数地址 A::func() 就可以了。也就是说，在编译阶段，就明确要 call 哪个成员函数了，这也就是所谓的静态绑定。

但调用虚函数的时候，call 指令只能根据 rdx 寄存器的值来确定函数的位置：

call rdx。也就是所谓的动态绑定。

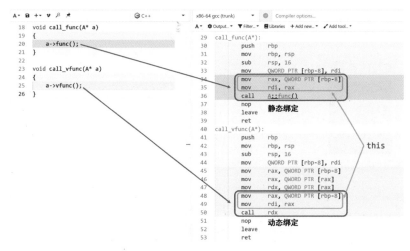

图 4-9

其实，所谓的动态绑定，也不过是 call rdx 上面的这 3 条 CPU 指令而已，如图 4-10 所示。

图 4-10

有兴趣的同学，可以细品一下这 3 条指令的含义。左侧是与之等价的 C 代码，希望对大家的理解有所帮助。

这里只说结论。原来，当类 A 有虚函数的时候，类 A 就会偷偷生成一个隐藏的指针型的成员变量，方便起见，我们给这个隐藏变量起一个名字 V，如图 4-11 所示。

V 存放着虚函数表的地址，根据偏移，就可以得到要执行的虚函数 vfunc 的内存地址，将其存在寄存器 rdx 里面，随后一条 call rdx 指令，一个虚函数的调用就完成了。

如果说类的成员函数会夹带隐藏参数 this 指针还能接受的话，那么，我说类还会夹带隐藏变量 V，你能接受吗？如果真的存在隐藏变量 V，在哪里给它初始化呢？

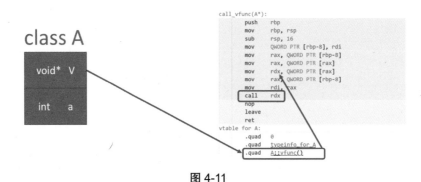

图 4-11

其实，4.2 节"CPU 眼里的构造函数"经给出了明确的解释。答案就是，在 A 的构造函数中，把隐藏变量 V 初始化成类 A 的虚函数表地址。

是的，完全正确！你看，尽管我没有写构造函数，编译器还是给我生成了一个默认的构造函数，如图 4-12 所示。

```
A::A() [base object constructor]:
    push    rbp
    mov     rbp, rsp
    mov     QWORD PTR [rbp-8], rdi
    mov     edx, OFFSET FLAT:vtable_for_A+16
    mov     rax, QWORD PTR [rbp-8]
    mov     QWORD PTR [rax], rdx
    nop
    pop     rbp
    ret
```

图 4-12

它一定、必须要帮我完成隐藏变量 V 的初始化。

当然，如果 A 有派生类 B 的话，则 V 还会在派生类 B 的构造函数中，被初始化成 B 的虚函数表地址，从而保证 A、B 的虚函数相互独立，井水不犯河水，如图 4-13 所示。

但考虑到在执行派生类 B 的构造函数时，还会先调用基类 A 的构造函数。因此变量 V 一会被初始化为类 A 的虚函数表，一会又被初始化为类 B 的虚函数表。为了避免晕头，往往会禁止在构造函数里面调用虚函数，因为这个时候的虚函数的动态绑定特性是失效的，会跟语法规则产生一定的冲突。当然，如果你很懂的话，就另当别论了。

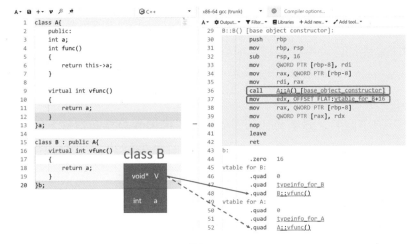

图 4-13

● 总结

（1）虚函数在函数体的实现方面跟普通函数没有任何区别。

（2）虚函数的调用，需要借助类对象的隐藏变量 V 来完成，隐藏变量 V 会在构造函数中被初始化成虚函数表的内存地址。

最后，调用任何虚函数的套路都是一样的。唯一的区别是：需要根据它们在虚函数表的位置，设置正确的偏移量，如图 4-14 所示。

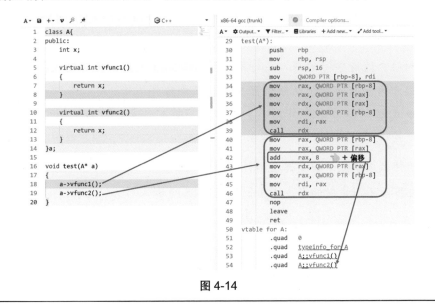

图 4-14

如你所见，调用 vfunc1 的时候，因为 vfunc1 位于虚函数表的第 1 行，所以不需要加内存地址偏移（或者偏移为 0）；但调用 vfunc2 的时候，因为 vfunc2 位于虚函数表的第 2 行，所以增加了 8 字节（64 位）的内存地址偏移。

不得不佩服，虚函数的实现方法几乎同时在效率和空间上得到了最优解。因为虚函数的出现，函数指针的使用率大大降低，如果你还在被函数指针困扰，或许可以考虑一下虚函数。

当然，虚函数的实现，本质上还是通过函数指针实现的，虽然避免了程序员使用函数指针，但也让虚函数的语法规则变得相对复杂、诡异。

● **热点问题**

Q1: 这难道不应该叫作：编译器眼里的虚函数吗？

A1: 当然可以称它为编译器眼里的虚函数。当我们讨论虚函数的具体实现细节的时候，往往需要结合某种编译器。但我们也没有必要将自己绑定在某个编译器上，因为不同编译器对虚函数的实现往往会有一些细微差异。但天下武功，殊途同归，它们要完成的使命和实现方法都是相似的。本文我们使用的编译器是 x86-64 gcc，但世界上的编译器多种多样，相同编译器，版本也在不断变化。

同时，随着学习的深入，特别是学习到第 5 章后，你会发现，一些编程语言方面的问题仅从编译器层面是很难解释清楚的。这时就需要我们从更底层的视角分析问题。正因如此，本书的名字叫做《CPU 眼里的 C/C++》。

Q2: 为什么虚函数必须要通过指针来调用呢？

A2: 也可以不用指针的形式调用，如图 4-15 所示。

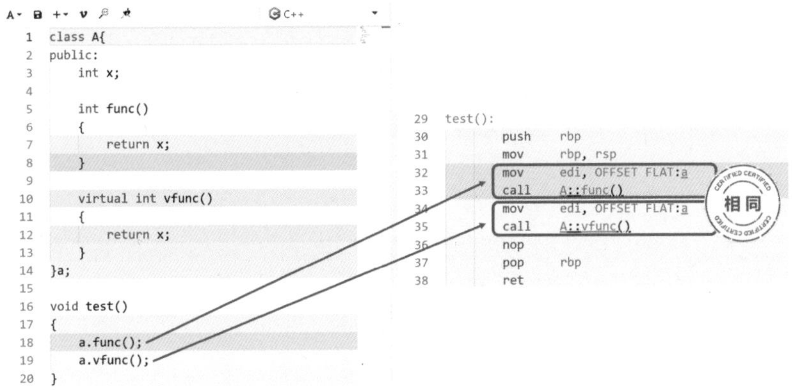

图 4-15

如你所见，直接调用虚函数的话，就跟调用普通的成员函数是完全一致的（函数地址不同除外）。虽然看上去简单、清晰不少，但也就无法发挥出虚函数动态绑定的特性；也不容易发挥面向对象的"多态"优势，享受不了设计上的红利。我们会在后面的章节详细讲解多态，届时读者可能会有更多心得。

4.4　CPU 眼里的多态

● 提出问题

　　多态可能是 C++ 里面最重要的设计技巧，用到了多种语法规则，例如类型转换、虚函数、继承、函数重载等。如果不了解多态，可能 C++ 语法倒背如流，意义都不大。今天，让我们从 CPU 的视角，重新认识一下多态。

● 代码分析

　　打开 Compiler Explorer，写一个最简单类 A；再编写一个最简单的派生类 B；先写一个符合多态原则的函数 func1，用基类指针变量 p 指向派生类对象 b，如图 4-16 所示。

```
1   class A{
2   public:
3       int x;
4       int y;
5   };
6
7   class B : public A{
8       public:
9       int z;
10  };
11
12  void func1(B& b)
13  {
14      A* p = &b;        ✓
15  }
```

图 4-16

很合理，编译也很顺利。让我们再写一个违反多态原则的函数 func2，也就是用派生类指针 p 指向基类对象 a，如图 4-17 所示。

```
16
17  void func2(A& a)
18  {
19      B* p = &a;        ✗
20  }
```

图 4-17

不出意外地，因为不符合多态原则，编译器报错。为了通过编译，我们强制转换一下，如图 4-18 所示。

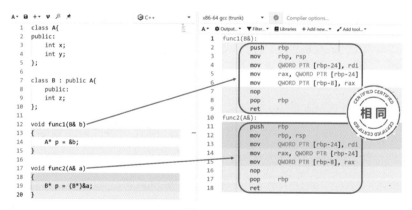

图 4-18

好了，编译顺利通过。而且，两个函数的汇编指令也完全相同！其实，CPU 对多态是无感的。在阿布看来，这个阶段的多态，不过是一种合法的类型转换而已。

其实，你也可以把派生类 B 转换成任何类型，这里举一个极端的例子。比如，我们写个函数 func3，做一个向 int 类型的转换，如图 4-19 所示。

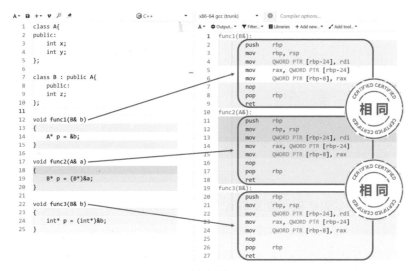

图 4-19

不仅编译通过，汇编指令也跟函数 func1、函数 func2 完全一致。

好了，回到正题。如果多态是一种合法的类型转换的话，那么，什么是不合法的类型转换呢？答案是：无论哪种类型转换，都是不安全的！只要做类型转换，编译器往往会发出警告，唯独给多态（派生类向基类做指针转换）开了一个特例。

那这样做安全吗？答案是：安全的，这要从类的数据结构说起（基于 32 位的 CPU）让我们先看看基类 A 的结构，如图 4-20 所示。

Class A

图 4-20

起始的 4 字节，分配给变量 x；随后的 4 字节，分配给变量 y。

如果有虚函数的话，x、y 同时上移 4 字节，把起始的 4 字节，留给隐藏变量 V，用于存放类 A 的虚函数表地址，如图 4-21 所示。

Class A

图 4-21

然后，再看看派生类 B 的结构，如图 4-22 所示。

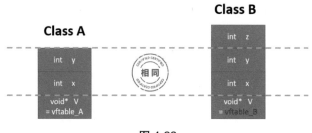

图 4-22

首先把基类 A 的结构全盘复制过来；如果有虚函数，则将隐藏变量 V 改为类 B 的虚函数表地址；最后，在内存地址的最高位增加 4 字节，分配给变量 z。

你发现有趣的事情了吗？如果不考虑派生类 B 特有的变量 z，派生类 B 的结构跟基类 A 是完全相同的。你完全可以把派生类 B 降级成基类 A 来使用。

而下面的 func4，不正是把派生类 B 的对象降级（类型转换）成基类 A 的对象在使用吗？

```
void func4(B& b)
{
    A* p = &b;
    p->x = 1;
    p->y = 2;
}
```

也就是常说的代码复用！相反，我们可以把基类 A 升级成派生类 B 使用吗？如图 4-23 所示。

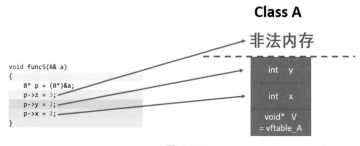

图 4-23

显然不行，如你所见，因为类 A 没有给变量 z 预留空间。所以，即使函数 func5 能通过编译，可一旦访问变量 z，就会越界！读写到不属于变量 a 的内存空间。随后的情况，不是程序崩溃就是运行异常。大家也可以参看 2.7 节 "CPU 眼里的数组越界"，它们的原理是相似的。

当然，如果多态仅仅只是把派生类降级成基类使用就太没有意思了，虽然复用了基类的共性，却没有体现出自己的特性。如何体现特性呢？答案是：虚函数。

比如，我们要访问类 B 的特有变量 z，我们就可以定义一个这样的虚函数，如图 4-24 所示。

```
1   class A{
2   public:
3       int x;
4       int y;
5       virtual int vfunc()
6       {
7           return -1;
8       }
9   };
10
11  class B : public A{
12  public:
13      int z;
14      virtual int vfunc()
15      {
16          return z;
17      }
18  };
```

图 4-24

至于类 A，没有特有变量 z，可以给它写一个返回 −1 的空函数或纯虚函数。

如 4.3 节"CPU 眼里的虚函数"所讲，如图 4-25 所示。

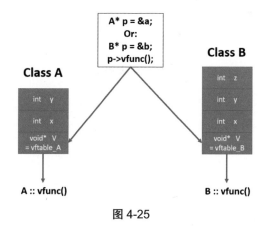

图 4-25

根据动态绑定的实现原理，无论指针 p 是什么类型，当 p 指向类 A 的对象时，它就会调用类 A 特有的虚函数；当指针 p 指向类 B 的对象时，它就会调用类 B 特有的虚函数。

这也是多态的精髓：调用相同名称的函数，却会根据对象的实际类型，执行不同的函数版本。当软件代码变得越发复杂的时候，这种设计方法可以消灭掉大量的 switch case 语句。

就这样，类 B 的对象，不仅可以复用基类 A 的属性（变量 / 函数），还可以扩展自己的特性（变量 z）。

● 实例分析

在现实世界中，最常见的多态设计就是图形界面（图 4-26 是一个简化的音乐播放器界面。

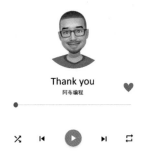

图 4-26

我们在网页或手机 App 上看到的界面元素，往往都有一个共同的基类，负责一些基本功能，比如记录位置、大小、形状信息，以及导航规则和提供抽象、统一化的函数接口，如图 4-27 所示。

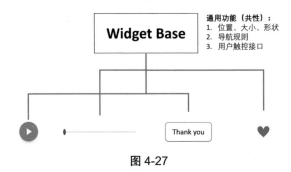

图 4-27

同时，所有的界面元素也会根据自己的特性，重载一个虚函数，用于绘制自己的外形，例如 draw，也就是绘制我们可以看到的按钮、标签、开关、进度条，如图 4-28 所示。

```
                                        enum TYPE{
                                            Button,
                                            Label,
                                            Bar,
                                            Toggle
                                        };

                                        void show(TYPE type, WidgetBase* widget)
class WidgetBase{                       {
public:                                     switch(type)
    virtual void draw()                     {
        {                                       case Button:
        }                                         ((Button*)widget)->drawButton();
};                                              break;
                                                case Label:
void show(WidgetBase* widget)                     ((Label*)widget)->drawLabel();
{                                               break;
    widget->draw();                             case Bar:
}                                                 ((Bar*)widget)->drawBar();
                                                break;
                                                case Toggle:
                                                  ((Toggle*)widget)->drawToggle();
                                                break;
                                            }
                                        }
```

图 4-28

如果采用左边的多态的设计方法，只需要一个虚函数接口 draw，就可以统一所有界面元素的绘制函数接口；不同的界面元素，只需要根据自身特点，重载 draw 函数即可。

而如果采用右边的非多态设计方法，就需要在对界面元素做差异化操作的时候（例如绘制界面元素的外观）使用 switch case 语句，手动做好区分工作，让不同的界面元素调用与之适应的绘制函数。

虽然都能实现功能，但哪种方法更清晰，更容易维护和扩展呢？

● 总结

（1）多态，常会用基类指针指向派生类对象。

（2）多态，会利用派生类的结构特点复用基类的属性（变量 / 函数）。

（3）多态，会利用虚函数来扩展派生类的特性。

最后，多态不是 C++ 的专利，很多语言都支持多态，例如 Java。与其说多态是语法规则，不如说是设计技巧。

如何准确地区分共性、特性，需要根据自己的具体情况，具体分析。仅仅从 CPU 的视角看待多态，是非常局限、片面的。

● **热点问题**

Q1: 类 B 使用类 A 的属性、方法，这不就是继承吗？为什么跟多态扯上关系了呢？

A1: 多态使用了很多语法功能，包括继承、类型转换、虚函数、函数重载等。我们或许不能把多态当作某种语法规则，多态更像是一种设计技巧，有了 C++ 的加持，会让开发者更加优雅地实现多态的设计构想。

4.5 CPU 眼里的模板

● **提出问题**

模板是 C++ 特有的、非常神奇的功能。让多少人感叹到 C++ 编译器的聪明、强大，它能帮助我们避免编写重复、相似的代码。但你知道它背后的实现原理吗？让我们从 CPU 的视角，揭示背后的秘密吧。

● **代码分析**

举个例子：打开 Compiler Explorer，让我们写一个最简单的加法运算函数；但为了支持浮点类型的加法运算，我们不得不再写一个类似的函数，仅仅只是把 int 类型换成了 float 类型：

```
int add(int x, int y)
{
    return (x + y);
}

float add(float x, float y)
{
    return (x + y);
}
```

为了避免写这种重复、类似的代码，我们可以对数据类型做一下泛化，也就是让代码跟数据类型无关。具体的实现方法就是模板。

模板代码也非常简单。首先，按照模板的语法规则，声明一下泛化的数据类型 T；然后，把函数中的数据类型替换成泛化数据类型 T；最后，写一个

main 函数作一下模板的调用，如图 4-29 所示。

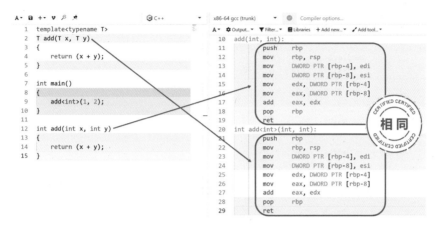

图 4-29

如你所见，编译器为我们生成了一个加法运算函数：int add<int>(int, int)，对比一下刚才写的普通函数 add(int, int)，它们的汇编指令完全一致！

这说明模板让编译器偷偷帮我们写一个 add 函数，只是这个函数没有用明文表示出来而已。

如果换成 float 类型呢？如图 4-30 所示。

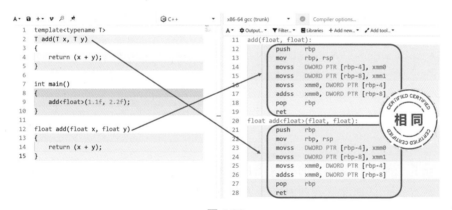

图 4-30

如你所见，编译器又为我们生成了一个 float 类型的加法运算函数，而且其汇编指令跟 float 类型的普通函数完全一致！

以上都是对基本变量类型的模板化操作，如果情况更复杂一点会怎么样呢？让我们再升级一下难度，看看对类的模板化操作。

定义一个最简单的类 A，然后对类 A 进行模板化的加法运算，如图 4-31 所示。

```
class A
{
public:
    int a;
};

template<typename T>
T add(T x, T y)
{
    return (x + y);
}

int main()
{
    A x, y;
    add<A>(x, y);
}
```

```
<source>: In instantiation of 'T add(T, T) [with T = A]':
<source>:17:11:   required from here
<source>:10:15: error: no match for 'operator+' (operand types are 'A' and 'A')
   10 |    return (x + y);
      |            ~~^~~
ASM generation compiler returned: 1
```

图 4-31

很遗憾，编译错误！原来，类 A 没有定义 "+" 运算符，所以无法进行模板中定义的加法运算，为了解决这个问题，类 A 需要重载 "+" 运算符：

```
class A
{
public:
    int a;

    A operator + (A const &y)
    {
        A res;
        res.a = this->a + y.a;
        return res;
    }
};
```

好了，编译通过！类的模板化也顺利通过了。这样看来，模板好像也没有那么神奇。它只是编译器代替程序员做了一些简单、重复的工作而已，远没有达到人工智能的水准。

● 总结

（1）CPU 对模板是无感的，模板本质上是编译器根据我们提供的脚本自动补充代码，涉及的数据类型越多，代码版本也就越多。

（2）编译器自动补充的代码对程序员是不可见的。所以，在单步调试的时候，会出现源代码无法一一对应的问题，模板的相关代码，往往只能黑盒测试，很难找到有效的调试方法。

（3）在对类进行模板化操作的时候，如果涉及数学、逻辑运算，由于编译器往往无法提供默认的运算符操作，就需要程序员手动为类重载这些运算符，避免可能的编译错误。

最后，很多情况下你是不需要亲手写模板的。相比从头写一个高风险的模板，直接使用 STL（也就是标准模板库）显得更加高效、稳定、可靠。

● 热点问题

Q1: C++ 的强大，就是编译器的强大吗？

A1: 是的，C++ 的编译器，相对于 C 来说，会复杂不少。不过强大的编译器，在隐藏了大量的实现细节后，也给开发者带来了晦涩、复杂的语法规则。用文字把编译器的背后运作规律总结出来并不是一件容易的事情。如果能结合编译器生成的 CPU 指令，来引导、解释这些语法规则，你不仅可能会发现语法的本质，也能减轻语法背诵的负担。

4.6 CPU 眼里的 malloc 和 new

● 提出问题

请问，如何申请一段内存？答案或许显而易见！就是调用 malloc；那如何为一个类对象申请内存呢？答案似乎也不难！就是使用 new。

既然都是申请内存，为什么要搞两套接口呢？这两套接口之间又有什么差异呢？就让我们从 CPU 的视角，重新认识一下它们，或许很快你就会有一个确信无疑的答案。

● 代码分析

先写一个最简单的调用 malloc 的函数 func_1，通过 Compiler Explorer，得到它们的 CPU 指令，如图 4-32 所示。

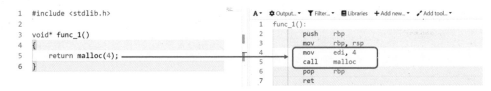

图 4-32

代码十分简单，对应的汇编指令也只有两条而已。第一条指令，把数值 4 赋给寄存器 edi，很显然，这是为后面的函数调用准备参数。更详细的解读，可以参看 3.1 节 "CPU 眼里的参数传递"。

第二条指令，就是调用函数 malloc，结合传递的参数值 4，我们可以很容易猜出，这是要申请一个 4 字节大小的内存块。

这样看来，malloc 是一个非常单纯的函数，输入所需内存的大小，它就可以帮我们申请相应大小的内存块。

让我们再看看 malloc 的同门兄弟 new。先编写一个最简单的类 A；然后写一个最简单的函数 func_2，用来申请一个类 A 的对象，如图 4-33 所示。

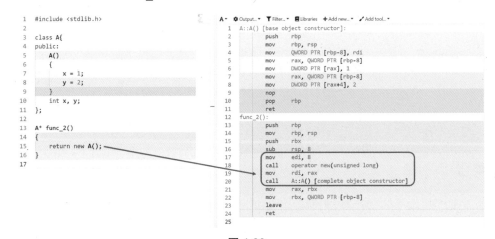

图 4-33

虽然只有一行代码，却对应了 4 条汇编指令，不要怕，它们除了样子怪一点，其实并没有什么过人之处。

先看前两条指令，是不是跟调用 malloc 函数非常相似？以此类推，第一条

指令，还是传递参数值 8，因为类 A 仅有 2 个 int 类型的成员变量，所以 类 A
的大小是 8 字节，非常合理！

　　然后就是调用一个叫作 operator new 的函数，如此逆天的名字，真的很让
人怀疑自己的知识储备。但在 CPU 眼里，它根本就不是一个名字，而是一个函
数首地址而已。

　　当然这个函数不是我们写的，而是库函数为我们提前预备好的内存分配
函数。

　　如果你不放心的话，也可以重写这个函数，具体实现，甚至可以直接调用
malloc，如图 4-34 所示。

```
18   void* operator new(unsigned long size)
19   {
20       return malloc(size);
21   }
```

图 4-34

好了，至此 malloc 就在内存中成功帮我们预留出来了 8 字节，如图 4-35 所示。

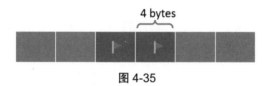

图 4-35

　　分配内存的使命就完成了，但完整的 new 操作还没有结束哟，别忘了类对
象是需要初始化的。没错，就是要调用构造函数，所以剩下的两条指令也很容
易解释了。

　　第三条指令，把申请到的内存地址传递给寄存器 rdi，还记得 4.2 节 "CPU
眼里的构造函数" 吗？调用构造函数，也是需要传递 this 指针的。

　　完成这个 this 指针的传递，我们就可以通过第四条指令，调用类 A 的构造
函数了。至此，new 操作全部完成！真不愧是 C++ 呀，如此简单的 3 个字母，
居然隐藏着这么多的秘密。

　　同样的方法，我们可以很容易地猜出 free 和 delete 之间的差异。free 是
malloc 的反向操作，也是一个纯函数接口。不过它的用途不是申请内存，而是
释放、归还刚才申请的内存。

　　同样，delete 是 new 的反向操作，它也包含了两个操作，如图 4-36 所示。

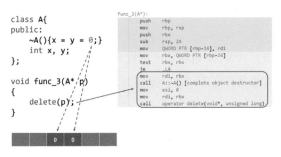

图 4-36

前两条 CPU 指令，调用类 A 的析构函数，这会导致成员变量 x、y 所在的内存的值由 1、2 都变成 0；随后的两条 CPU 指令，就可以跟 free 一样，释放、归还类 A 对象所占据的内存空间。也就是调用函数 operator delete，它跟函数 operator new 正好是一对儿相反操作。

● 总结

（1）malloc 和 free 都是单纯的函数，用来申请内存和归还内存。

（2）new 包含了两个操作。第一个操作，跟 malloc 类似，也是申请内存；第二个操作，是对申请到的内存，也就是类 A 的实例对象，进行初始化，没错，就是调用类 A 的构造函数。至于 delete 操作，则正好相反。

（3）无论是 malloc 还是 new，它们都是可以被重载的，特别是开发操作系统和嵌入式系统时，往往没有可以直接使用的默认函数，开发者需要根据硬件配置和具体需要，重写合适的内存分配函数。

最后，默认情况下，系统提供的 malloc 和 new 都会从"堆"上申请内存，但如果自己重载了 malloc 和 new，那到底从哪里申请内存，就全靠自己把握了。

● 热点问题

Q1: 难道 operator new 不是编译器、操作系统提供的吗？

A1: 或许这样描述更为准确：C/C++ 库会提供一个默认的 malloc、operator new 函数，该 malloc、operator new 往往需要通过系统调用，向操作系统申请内存资源。

Q2: 请问 free 的时候，只传入了一个内存首地址，但没有传入内存的大小，那函数 free 如何知道要释放多少内存呢？

A2: 简单地回答，在 malloc 的时候，虽然我们只申请了 8 字节的内存空间，但 malloc 在实现上会多申请几字节（这里以 4 字节为例），用来保存申请内存的总大小，也就是 8 + 4 = 12 字节，如图 4-37 所示。

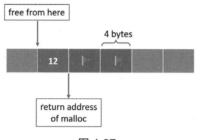

图 4-37

然后，仅仅把后面 8 字节的内存地址，返回给开发者使用，而前面的 4 字节用于记录此次内存分配的实际消耗量。这是一个非常精妙的设计，避免了额外使用其他数据结构来管理、维护每次 malloc 时，对内存的消耗量。

同样，当开发者 free 的时候，free 函数会根据开发者输入的内存地址，往前挪 4 字节，根据这 4 字节的信息 12，将这连续的 12 字节的内存全部释放、归还。当然函数 operator new，也可以采用这种技巧。

4.7　面向对象实践依赖反转

● 提出问题

讨论 C++，不讨论面向对象，是很不完整的。这里并不需要我们从 CPU 的视角去微观地解读代码的实现细节，而是换一个角度，从宏观的视角去优化、调整现有的甚至是运行良好的代码。

这里，我们并不需要追求极致的运行效率，而是关注软件另外一个重要的属性：可维护性。一旦代码超过 1000 行，软件的可维护性将成为程序员的巨大挑战。一年前的代码，你能快速厘清脉络、自由扩展吗？

当然，为了达到良好的可维护性、可扩展性，很多书籍都给出了优秀的"设计模式"，这里当然没有必要一一重复。我们将以一个开源框架——GuiLite 为例，讲述面向对象中最常用的设计技巧——依赖反转，希望能给读者抛砖引玉。

● GuiLite介绍

GuiLite，也叫"超轻量 UI 框架"，它可能是世界上最小、最简单的 GUI 框架，只有约 4 千行 C++ 代码，全开源、全免费，没有任何商业限制。

它只有一个头文件，不需要编译成库，即拿即用。它几乎支持市面上所有的单片机型号；当然也支持 Windows、Linux、Android、iOS、Apple Watch。因为便于移植和运行，GuiLite 在全球拥有着广泛的开发者。

代码则托管在 GitHub 和码云（Gitee）上，有兴趣的同学，可以扫描右侧二维码体验。

GuiLite 代码

● 代码结构

言归正传，让我们看一下 GuiLite 的目录结构，如图 4-38 所示。

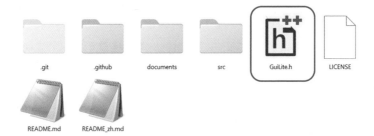

图 4-38

GuiLite.h 就是它的全部源代码，不需要编译成库就可以直接使用。如果想了解代码结构，最好的方法是打开 src 文件夹，代码就分布在 core 和 widgets 两个文件夹里面，如图 4-39 所示。

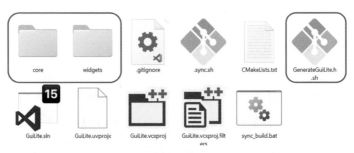

图 4-39

如果你修改了里面的代码，只需要运行一下这个脚本，就可以生成一个新的 GuiLite.h 文件。

先看 core 里面的代码，如图 4-40 所示。

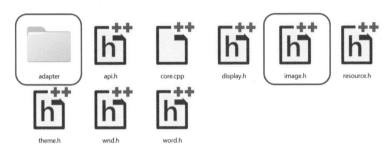

图 4-40

其中，adapter 文件夹用于操作系统和无操作系统的底层适配，它不是今天的重点，就此略过。

先看 GUI 最基础的贴图代码 image.h，原本它是一个纯面向过程的代码，就只是这两个函数，如图 4-41 所示。

```
void draw_image(c_surface* surface, int z_order, const void* bitmap_info, ...)
{
    ASSERT(image_info);
    BITMAP_INFO* pBitmap = (BITMAP_INFO*)image_info;
    ...
}

void draw_image(c_surface* surface, int z_order, const void* bitmap_info, ...)
{
    ASSERT(image_info);
    ...
}
```

图 4-41

因为当时的功能十分单一，就是把位图的像素点逐个渲染到画布 surface 上面。但好景不长，做 ARM Linux 开发的同学要求支持 JPEG 图片。如果继续面向过程编程的话，就需要再写两个类似的函数用以渲染 JPEG 图片，如图 4-42 所示。

```
void draw_image(c_surface* surface, int z_order, const void* jpeg_info, ...)
{
    ASSERT(image_info);
    BITMAP_INFO* pBitmap = (BITMAP_INFO*)image_info;
    ...
}

void draw_image(c_surface* surface, int z_order, const void* jpeg_info, ...)
{
    ASSERT(image_info);
    ...
}
```

图 4-42

但如果还要支持 PNG 图片的话，是不是还要再重复上面的工作呢？为了不增加 GuiLite 的核心代码，又能兼容未来的各种需求，就对代码进行了面向对象的两步重构，如图 4-43 所示。

```
class c_image
{
public:
    static void draw_image(c_surface* surface, int z_order, const void* image_info...)
    {
        image_operator->draw_image(surface, z_order, image_info, ...);
    }

    static void draw_image(c_surface* surface, int z_order, const void* image_info...)
    {
        image_operator->draw_image(surface, z_order, image_info, ...);
    }

    static c_image_operator* image_operator;
};
```

图 4-43

第一步：定义一个图片类 c_image，它是开发者绘制图片的唯一、不变的接口。

第二步：让这个类依赖一个抽象的操作类 image_operator，用来渲染不同类型的图片。

如果要画位图，就对其赋值为默认的位图操作对象：

c_image::image_operator = &the_bitmap_op;

如果要画 JPEG，就对其赋值为 JPEG 操作对象：

c_image::image_operator = &the_jpeg_op;

没错，这就是所谓的"依赖反转"，如图 4-44 所示。

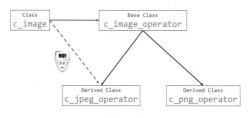

图 4-44

意思就是尽量去依赖抽象的基础类，让绘制图片的方式有变通的余地。同时，避免依赖具体的派生类，这会导致代码过早的"硬编码"。

而文字处理代码 word.h，也使用了相同的设计方法。二者十分相似，这里不再重复。好了，当你能绘制点、线、图、文时，就可以开发出很多精彩的界面了。

例如，这些实例都是基于点、线、图、文编写而成的，如图 4-45 所示。

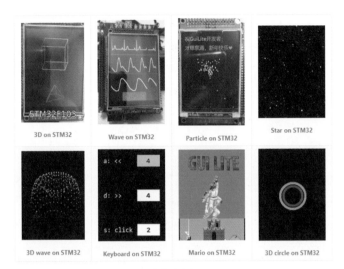

图 4-45

　　虽然看上去很夸张，但程序其实很小。这里，不用考虑扩展性，采用简单、直观的面向过程编程即可。

　　如你所见，在没有人机互动的界面情况下，掌握绘制技巧就足够了。但如果有用户交互的话，就必须做窗口管理了。也就是 GuiLite 中最重要的文件wnd.h。

　　其实整个文件都在描述一个窗口类，即 c_wnd，如图 4-46 所示。

```
class c_wnd
{
public:
    virtual ~c_wnd() {};
    virtual int connect(c_wnd *parent, ...) {}
    void disconnect() {}
    ...

protected:
    unsigned short  m_id;
    WND_STATUS      m_status;
    WND_ATTRIBUTION m_attr;
    ...
};
```

图 4-46

　　简单地说，这个类分为两个部分：函数部分和数据部分。不得不承认，相比 struct，class 能够把数据和函数紧密地结合起来。而 struct 在集成函数方面就很吃力，需要引入杀人诛心的函数指针。尽管 C++ 也加强了 struct 的能力，但这并不是今天的重点。

　　相比用户在界面上一会儿拉滚动条、一会儿点击按钮的凌乱操作，如图 4-47 所示，窗口类 c_wnd 要做的事情却很简单，如图 4-48 所示，它只需做好 3 件事就足够了。

图 4-47

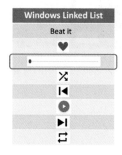

图 4-48

（1）记录好各个界面元素（按钮、标签等）的信息，例如位置、标题、贴图等。

（2）记录用户的当前操作，并推理出此次操作后哪些界面元素需要重新绘制。

（3）更新界面，等待用户的下一次操作。

可能你仍然觉得这很复杂，但可贵的是一劳永逸。因为类的继承优势，让按钮、标签、键盘这些派生类也自然拥有了上述功能。我想这个时候，没有人再会怀念 struct 了吧。

当然，按钮、标签也不是无事可做，它们需要实现自己不同于别人的特性，例如绘制自己的外观、编写被点击后的响应函数：

```cpp
class c_label : public c_wnd
{
    virtual void on_paint() {}
};

class c_button : public c_wnd
{
    virtual void on_paint() {}
    virtual void on_touch(int x, int y, ...)
};
```

当然，这些功能的代码量都很小，而且是必要的。好了，这就是面向对象在 GuiLite 里面的典型应用，如果你是开发者，你会有什么更好的设计方法呢？

● **总结**

（1）面向对象和面向过程，总是你中有我，我中有你；但如果代码小于 100 行，面向对象就很难有发挥的空间了。

（2）C 语言也可以实现面向对象。但会相当烦琐，会伴随大量的函数指针；相反，用 C++ 实现面向对象，会更加优雅、简洁。这是因为编译器隐藏了这些函数指针，这也让 C++ 语法看上去非常魔幻。

（3）尽量使用 class，相比 struct，它的优势不是一丁点儿。良好的设计，能让你有效地重塑代码结构，实现代码复用。

（4）为了实现灵活扩展，可以采用依赖反转原则，对关键接口进行抽象。良好的设计，能帮你稳定程序结构，用最少、最必要的代码，实现功能扩展。但每一次抽象，都是对代码可读性的伤害，所以，每次抽象，一定要切中要害，切勿随心所欲。

最后，任何语言都无法阻止你写出功能 OK，但逻辑混乱、难以维护的代码。面向对象只是一种思想工具，它既是规整代码的利器，也是让代码更加凌乱的魔盒，如图 4-49 所示。

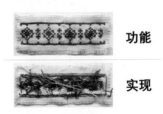

功能

实现

图 4-49

或许，真正导致代码质量不佳的原因，并不是程序员的技术能力。而是急功近利、干一票就走的企业文化。把功能尽快交付出去，而把功能背后的千头万绪留给新人。

● 热点问题

Q1: Linux 内核是 C 语言编写的，它用到面向对象的设计方法了吗？它会用到很多函数指针吗？

A1: Linux 是非常优秀的由 C 语言编写的软件，但它可不仅仅是"面向过程"的产物，相反，"面向对象"的设计方法在 Linux 内核里面被大量应用，特别是针对一些扩展性要求比较高的模块，例如虚拟文件系统（需要同时支持 fat、ntfs、ext2、ext3、ext4 等文件系统）、设备驱动（需要同时支持各种 char 设备、各种 block 设备等）等。这个时候面向对象、依赖反转的设计方法就显得非常必要。

但 C 语言并没有为"面向对象"提供足够的支持（当然，在 C 语言设计之初，面向对象也不是其考虑的重点），所以产生大量的函数指针，就在所难免了。

Q2: C++ 中经常说的类、对象、方法、属性，跟 C 语言里面的变量、函数什么差异？如何区分它们？

A2: 本质上是相同的，都是变量和函数，都存储在内存里面，或在堆栈，或在数据段……但似乎又为了跟普通函数、变量加以区别，有对类的相关信息作了特别的命名。简单、粗略的解释如下：

（1）对象：也是变量，不过特指"类"数据类型的变量。

（2）方法：也是函数，不过特指"类"的成员函数。

（3）属性：也是变量，不过特指"类"的成员变量。

（4）类：也是变量类型，它跟 int、short、char 一样，用来描述类或变量在内存中的分布情况和所占内存空间的大小。

第 5 章　高级编程

阅 读 建 议

....

　　恭喜大家完成了 C/C++ 语言的学习，希望此时此刻，你的状态是醍醐灌顶、踌躇满志的。我们不仅可以从更高的维度俯瞰 C/C++ 语言的工作机制，甚至有能力窥探一下顶级软件的工作原理。例如，操作系统、进程、线程、虚拟内存……

　　所以本章我们将把难度拉满，我们将对一些人人皆知，但又似有似无，甚至很多时候我们都无法证实其存在性的软件知识发起挑战。我们不仅要在代码层面理解代码的含义，也会站在 CPU 的视角上，解释某些奇怪代码的真实含义。

　　阿布当然无法拆解一块真正的 CPU，来剖析 CPU 的工作原理，但请相信 CPU 的工作原理十分简单、易懂，甚至有些枯燥无味，它最大的优势就是快！

　　本章会涉及很多 CPU 的行为，这些行为往往会跟操作系统深度耦合。读者不必是操作系统的专家，但最好能了解一点儿操作系统的基本概念，这对深入理解本章的内容会有很大的帮助。应用程序、操作系统、CPU，往往会在本章同时登场，它或许是让你融会贯通所有知识的最佳实践，也可能让你一时一头雾水。此刻您可以适当查漏补缺，也可以参考"阿布编程"的视频节目，寻找一些感觉。

　　最后，本章节难度较高，但值得学习，祝学习顺利。

5.1　CPU 眼里的虚拟内存

● 提出问题

　　请问你的手机、电脑上的内存有多大？ 4GB、8GB 还是 128GB？你手机上的 App 知道手机有这么大的内存吗？

　　让我们写一个简单的程序，随意输出一个变量的内存地址，如图 5-1 所示。

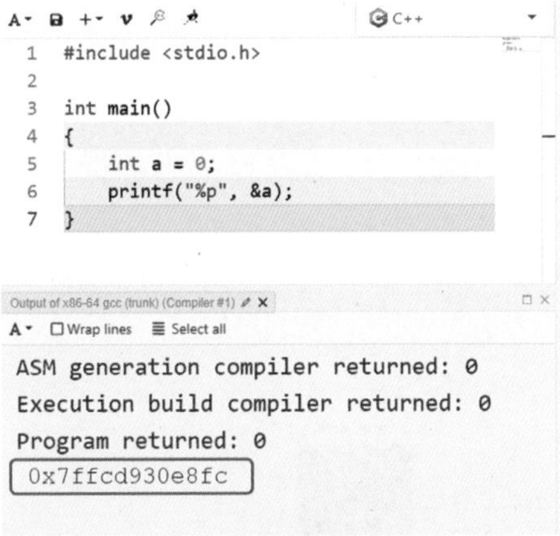

```
1  #include <stdio.h>
2
3  int main()
4  {
5      int a = 0;
6      printf("%p", &a);
7  }
```

```
Output of x86-64 gcc (trunk) (Compiler #1)

ASM generation compiler returned: 0
Execution build compiler returned: 0
Program returned: 0
0x7ffcd930e8fc
```

图 5-1

　　如此夸张的内存地址（0x7ffcd930e8fc），显然超出了普通计算机的内存上限！相信你已经猜出来了，它不是真实的物理内存地址，而是虚拟内存地址。

　　实际上，无论是"王者荣耀"App，还是你的 Hello World 程序，它们都认为你的内存大约有 40 亿个 4GB 这么大。

　　在我们学习 C/C++ 编程时，我们很少提及虚拟内存。但忽视虚拟内存的存在，难免会对程序和操作系统的行为产生一些误解。让我们一起讨论一下最强大、最无感的技术——虚拟内存。

◯ **虚拟内存原理**

先简单介绍一下虚拟内存的工作原理。虚拟内存，就是在物理内存的基础上，为每一个进程营造一个更加庞大的内存，如图 5-2 所示。

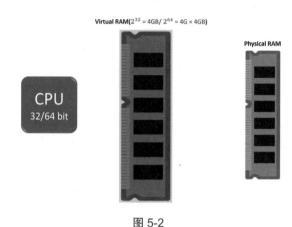

图 5-2

这个虚拟内存的空间大小由 CPU 的位数决定，也就是 CPU 能寻址多少位，虚拟内存就有多大。32 位的 CPU，虚拟内存的空间是 4GB；64 位的 CPU，虚拟内存的空间就是 4G×4GB。（注：4G=4294967296）

从此以后，CPU 都会在这个虚拟内存中进行读、写操作。但毕竟是虚拟的，真实数据最终还是要存储在实际的物理内存上。所以，还需要内存管理单元 MMU 和操作系统一起合作，实现虚拟内存到物理内存之间的映射，如图 5-3 所示。

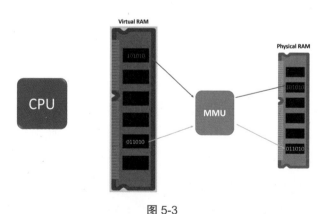

图 5-3

由于有硬件加持，这种映射对程序员是无感的，也不影响 CPU 的运行效率。这就是虚拟内存大概的工作原理。

● 减少内存碎片

使用虚拟内存有什么好处呢？第一个好处是减少内存碎片。例如，下面是一块物理内存，一共有连续的 12KB（假设相互临近的两个内存颗粒它们的内存空间是连续的）。程序 App 1 需要用到 4KB 内存，如果它成功申请到了中间的 4KB 内存后，剩下的空闲内存总量就还剩 8KB，如图 5-4 所示。

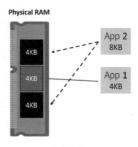

图 5-4

如果此时，还想运行正好需要 8KB 内存的 App 2 就不行了！因为虽然从总数上看还有 8KB 的空余内存，但它们不是连续的，而程序运行，或在 malloc 或 new 的时候，往往需要的是连续内存，如图 5-5 所示。

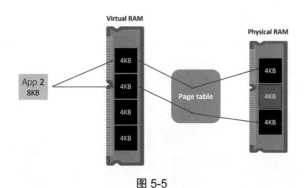

图 5-5

如果使用虚拟内存的话，这个问题就很容易解决了。

如你所见，尽管所剩的物理内存还是支离破碎的 4KB + 4KB 内存，但通过页表，我们可以对上、下两个不连续的物理内存进行重新映射，让它们在虚拟内存空间上是连续的。

由于程序运行时只能看见虚拟内存，所以程序并不会感知到这两块 4KB 的物理内存实际上是不连续的。从而避免了因为内存碎片所造成的内存空间浪费。

○ 简化运行条件

第二个好处是简化程序运行条件。一些情况下，程序在编译完成后，其函数地址、变量地址都是固定的。假设编译器为 a.out 程序设置的起始内存地址是 0x8000，如图 5-6 所示。

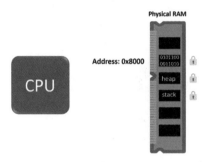

图 5-6

如果直接将其加载到 0x8000 的物理内存上的话，我们就需要确保这段内存无论是现在还是未来，都专属于这个 a.out，不能被其他程序使用。当然，不只程序的起始地址，程序的"堆"（heap）空间、"堆栈"（stack）空间也需要在程序运行前提前考虑、提前规划，相信做过单片机开发的同学对此一定不陌生。

而使用虚拟内存就没有这样的顾虑，操作系统为 a.out 虚构了一个内存空间，并将其加载到 0x8000 的虚拟地址上，至于实际映射到哪个物理内存上面，就交给操作系统了，原则上可以映射在任何一块物理内存上，如图 5-7 所示。

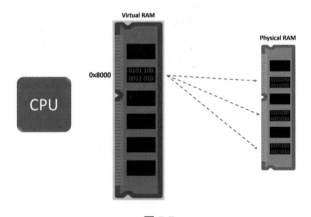

图 5-7

这就为程序加载提供了极大的灵活性。让程序员不必在编程的时候考虑如何让程序去适配计算机的内存环境。

● 隔离进程

第三个好处是隔离进程。还是这个单进程的 a.out 程序，我们第一次运行的时候，操作系统为 a.out 构建了一个虚拟内存空间；如果再运行一次，操作系统就为 a.out 再构建一个虚拟内存空间，如图 5-8 所示。

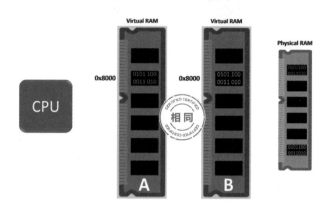

图 5-8

虽然从虚拟内存上看，两个 a.out 所在的内存空间是完全一致的，但它们实际上被映射在不同的物理内存上，所以，两个 a.out 进程是完全隔离的。

即使进程 A 遇到错误而崩溃，也不会牵连到进程 B。同时，进程 A 想非法探测进程 B 或其他进程的内存，也是不可能的。由于有 MMU 的保护，进程 A 只能访问 MMU 已经为其映射好的物理内存。这在一定程度上提高了系统的安全性。

● 内存共享

第四个好处是有效地利用内存资源。例如，我们的计算机、手机上会预存很多字体文件。几乎所有的 App 都会使用这些字体资源，因为这些资源多为只读类型，所以就没有必要为每个程序都复制一份资源，而是直接内存共享。

例如，系统在开机时，操作系统由于也需要使用字体文件，所以，会加载一份到内存中。此后，如果其他 App（例如：App1、App2）也需要使用到字体文件，它们就不需要再把字体文件加载到自己的内存空间里面了。

相反，它可以通过内存映射，直接共享刚才操作系统已经加载好的字体文件，如图 5-9 所示。

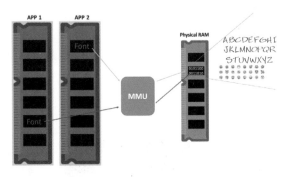

图 5-9

但如果需要改写共享数据的话，例如修改现有字体，为了避免影响其他程序，就必须自己拷贝一份字体了，这也叫 copy on write。

● SWAP

第五个好处是以小博大，也就是大家常说的 SWAP。假设这是当前的计算机系统，如你所见，我们的程序已经用尽了全部的物理内存，如图 5-10 所示。

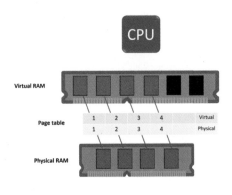

图 5-10

简单起见，我们通过设置页表，让虚拟内存页和物理内存页一一对应。上面是虚拟内存页的编号，下面是对应的物理内存页的编号。此时，如果程序还需要申请一个内存页，应该如何处理呢？

为了让程序继续运行下去，操作系统会通过一定的算法，选择将某一个物理内存页（这里，选择的是 1 号物理内存页）暂时转移到硬盘上，如图 5-11 所示。

同时更新对应的页表信息，记录内存页所在的硬盘扇区号码 H-100，从此，1 号虚拟内存页就对应着 H-100 硬盘扇区了。这样就临时腾出了一个空闲的内存页，更新一下页表，如图 5-12 所示。

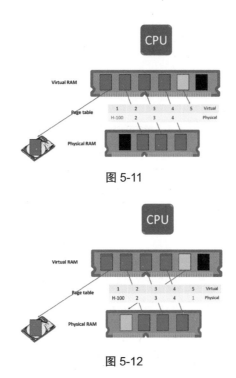

图 5-11

图 5-12

从此，5 号虚拟内存页就对应着 1 号物理内存页了。如此完成内存映射后，就可以返回给程序使用了。

如果程序需要读取刚才转移到硬盘上的 1 号虚拟内存页，那该怎么办呢？显然，这时仍然没有空闲的物理内存可供使用，还是老办法，操作系统再选择一个物理内存页（这里选择的是 2 号物理内存页）将它也暂时转移到硬盘上面，并更新一下页表，从此，2 号虚拟内存页就对应着 H-200 硬盘扇区了，如图 5-13 所示。

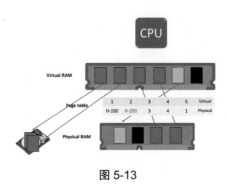

图 5-13

这样就又临时腾出了一个空闲的物理内存页。

此时操作系统就可以根据 1 号虚拟内存页对应的硬盘扇区号码 H-100，把存在硬盘上的内存页读取到刚刚空闲 2 号物理内存页上，如图 5-14 所示。

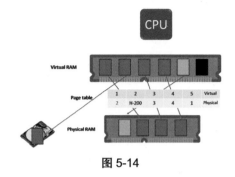

图 5-14

当然，由于 1 号虚拟内存页对应的物理内存页改变了位置，所以，对应的物理页号码就从 H-100 变为了 2 号物理内存页。

不得不说，这是一个伟大的功能，但也是最为大家诟病的功能之一。因为，一旦系统内存窘迫到需要 SWAP 的时候，如你所见，内存和硬盘之间的数据就会频繁交换，以当时机械硬盘的速度，系统效率立刻被拖慢变为从前的千分之一！

如此差的体验，还不如不用！直到今天，固态硬盘在效率上取得了巨大进步后，苹果才在最新的 iPad 系列产品上打开了 SWAP 功能。

● 总结

（1）虚拟内存是操作系统和硬件 MMU 的结合体，为了不损失效率，往往由 MMU 来做虚拟内存到物理内存的地址翻译工作。相信做过 FPGA 的同学，实现起来问题不大。

（2）虚拟内存一方面简化了应用程序的开发过程，让程序员无须关心与软件功能没有直接关系的信息，例如目标机的内存环境；它也能充分地利用计算机的内存资源、硬盘资源，还实现了进程间的安全隔离；但另一方面，它也增加了操作系统的开发难度、学习成本和 CPU 的硬件成本。

（3）不是所有的计算机系统都需要虚拟内存，例如 STM32 单片机和嵌入式环境，它们很多是不支持虚拟内存的，甚至 Linux 也有无虚拟内存的版本 ucLinux。

● **热点问题**

Q1: 我是在校的学生，在学习虚拟内存的时候，感觉非常难以理解，有什么办法解决吗？

A1: 在学习任何一种技术的时候，我们都需要了解一下这种技术存在的意义，这项技术到底在让谁受益？或许这些知识并不是考试内容，但它能让你拥有一个完整的知识链。在理解考点的时候，会有一个平稳的过渡。但还是那句话：这些东西都不是考试内容，请注意合理分配精力。

需要特别提醒的一点是：虚拟内存技术是"操作系统 + MMU"的软、硬结合体，本章节描述的所有内容，都不能仅靠其中的一方来实现。

Q2: 有没有关于实现虚拟内存的软件代码，可以参考、学习的？

A2: Linux 内核代码是比较好的学习资料，市场上的相关书籍也比较丰富。但它们往往讲述 x86 CPU 在虚拟内存上的实现方法，由于历史原因，x86 CPU 在操作 MMU 上面会有些烦琐，相比之下，ARM CPU 在虚拟内存的实现上会更加直观一点。

Q3: 虚拟内存这么强大，为什么系统还会死机？

A3: 以 Linux、Windows 内核的虚拟内存、内存保护机制为例，它能把应用程序的错误限制在一个小小的范围内，不让它祸及其他应用程序和整个系统，但它却保护不了内核本身。一旦有恶意或有缺陷的驱动程序、内核代码访问了非法地址，或错误地设置了 CPU 寄存器，结果往往就是蓝屏、死机、重启。

同时，调试内核、驱动程序，往往也是程序开发的至暗时刻。其调试环境甚至不如单片机的调试环境。普通开发者很难获得价格高昂的调试设备，往往只能依靠原始的打印输出来进行软件调试。

5.2　坐井观天的进程

● **提出问题**

进程、线程、虚拟地址、物理地址，这些名词既熟悉也陌生！似乎无论看多少资料，都很难准确地弄清楚它们之间的差异和存在的意义。现在让我们用一只青蛙的视角，再次会会这个老朋友，看看你是否有新的启发？

◯ 代码分析

先写一个最简单的程序。这个程序只做两件事情：定义一个全局变量 a，并赋值为 1；然后打印出 a 的地址和数值：

```c
int a = 1;
int main()
{
    printf("address: %p, value: %d\n", &a, a);
    sleep(10000000);
}
```

将上面的代码编辑成可执行程序 p1；接着，修改代码,给全局变量 a 赋值为 2，再次编译出可执行程序 p2。

好了，两个程序 p1、p2 都准备好了，让我们再以两个进程的形式运行它们。左边的窗口进程运行 p1，右边的窗口进程运行 p2，如图 5-15 所示。

图 5-15

发现问题了吗？无论是 p1 还是 p2，它们输出的变量 a 的地址都是一样的，但 a 的值却不一样！难道同一个内存地址里面，既存放着 1，也存放着 2 ？

当然不是！原来 0x555555558010 是虚拟地址，并不是真实的物理内存地址，进程 p1 的 0x555555558010 与进程 p2 的 0x555555558010 没有任何关系！

虚拟地址只在进程内是有意义的：可以用来指示程序中的不同变量、所对应的不同的内存地址；一旦跳出这个进程，在进程之间比较虚拟地址就没有任何意义了！

是什么软件拥有如此的魔力？能让进程 p1 和进程 p2 的内存空间完全隔离？答案不仅仅是软件，还有硬件，也就是现代 CPU 的协处理器 MMU。

MMU 的工作原理未来我们还会详细阐述，这里只说结论：无论是进程 p1，还是进程 p2，它们的变量 a 的地址都是虚拟地址，看上去是同一个地址，但实际上，已经被 MMU 映射到了不同的物理地址上去了，如图 5-16 所示。

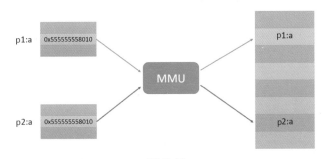

图 5-16

这就是"进程"最显著的特点：空间独立性。举个例子，进程就像一只井底之蛙，它固执地认为自己已经拥有整个天空，但它永远不知道天空到底有多大，更不知道周围还有很多跟它有一样想法的井底之蛙，如图 5-17 所示。

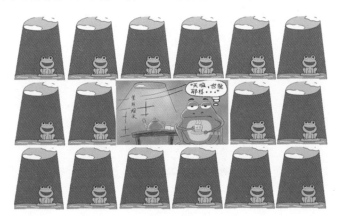

图 5-17

而 MMU 就是束缚这些青蛙视野的井，每一口井，就是一个进程空间。

● 进程vs线程

这样看来全是 MMU 惹的祸，不要 MMU 行吗？当然可以，但一旦没有井的束缚，所有的青蛙都跳到地面上，它们都可以看到一个完整的天空，所以，没有 MMU，进程也就不存在了，进程被降级成了线程。

这样的例子很多，例如在没有 MMU 的单片机，你就只会遇到线程（或者叫 task）根本没有"进程"的概念。

在 MMU 出现之前，计算机的世界里面只有"线程"，在 MMU 出现之后，"进程"才真正落地，因为没有 MMU 就没有办法实现内存空间的隔离，也就根本无法实现"进程"要求的空间独立性。

至于"进程"中的多"线程"就很容易理解了。就是一堆青蛙都放在一个井里，如图 5-18 所示。

图 5-18

而且，它们都认为自己拥有整个天空。

因为，这些"线程"都处于同一个"进程"空间中，大家可以相互访问，完全没有任何限制。这使得用"线程"实现多任务编程会非常便利，如图 5-19 所示。

图 5-19

但也因为这种对安全的忽视，一旦任何一个"线程"崩溃，如图 5-20 所示，所有的"线程"都不能幸免，大家一荣俱荣，一损俱损，如图 5-21 所示。

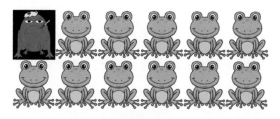

图 5-20

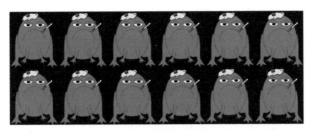

图 5-21

所以，网络服务器一般都会使用"多进程"，而很少使用"多线程"。这样即使某一个用户的服务进程崩溃了，其他"进程"还能继续正常工作。这样，就不会因为某个用户的访问失败，而导致其他用户也无法访问服务器。

好了，这可能就是你永远弄不清楚"线程"和"进程"的原因，因为这不仅仅是一个软件问题，更是一个 MMU 的问题。以后你再跟人讨论"线程""进程"的时候，一定要先问一下：有 MMU 吗？

● 总结

（1）进程就像一只井底之蛙，虽然看上去，它可以读、写整个 64 位（假设 CPU 是 64 位的）的虚拟内存空间：

```
void write_memory()
{
    char*p = 0;
    for(unsigned long offset = 0; offset<= 0xFFFFFFFFFFFFFFFF;
offset++)
    {
        *(p + offset) = 0x55;
    }
}
```

但天到底有多大，真实的物理内存空间到底有多少，除了操作系统和 MMU，没有人能知道。

（2）进程间的空间隔离，让进程之间的信息共享没有线程那么方便，但也大大提高了整个系统的安全性；再也不会因为某一个应用程序的崩溃，导致整个计算机重启。还记得红白机上的 reset 按键吗？

图 5-22

任何一个游戏程序的崩溃，都需要通过 reset 来重启、恢复系统。

（3）进程间的空间隔离，让恶意程序无法再扫描其他程序的内存或整个计算机的物理内存，任何程序只能在自己的一亩三分地里面干活。通过游戏修改器玩《仙剑奇侠传》的日子或许不会再有了，如图 5-23 所示。

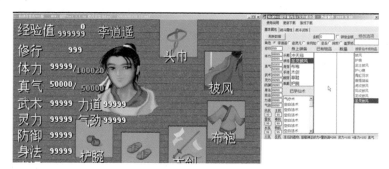

图 5-23

这样看来：生活在"井"里，也没有什么不好。

● 热点问题

Q1: 谁在分配虚拟地址？

A1: 程序员在代码中编写的任何变量、函数、数据结构，在编译过程中，都会被编译器安排一个内存地址，这个地址就是虚拟地址。

Q2: 虚拟内存的好处有哪些？

A2: 好处至少有这些：编译器在生成可执行程序时，可以更加自由地分配代码中变量的内存地址，不用关心它在实际运行环境中应该是多少，也不用关心运行环境的内存是否够用。

相同的 exe 文件，同时运行 2 次，也不用担心它们同名的变量或函数会在内存中重叠在一起。因为它们都用的是虚拟地址，无论外表多么相似，都可能被分配在不同的物理地址上。

此外，当程序所需的内存大于计算机的实际内存时，虚拟内存机制可以用硬盘来给内存"扩容"。

Q3：我计算机的内存有 8GB，那跑在该计算机上的程序，其虚拟地址空间也只能有 8GB 吗？

A3：虚拟地址的空间大小取决于 CPU 的位数，32 位 CPU 对应的虚拟地址空间为 0~0xFFFFFFFF（4GB），64 位 CPU 对应的虚拟地址空间为 0~0xFFFFFFFFFFFFFFFF（4G×4GB），它们跟真实的物理内存大小没有关系。但如果你的物理内存只有 8GB 的话，即使虚拟内存再大，程序最多也只能访问到 8GB 的真实物理内存。（注：4G = 4294967296）

Q4：为什么我执行实例代码的时候，输出的 a 的内存地址总是在变化？

A4：新版本的 Linux 对虚拟内存进行了保护，做了随机化处理，为了达到本文所描述的效果，需要取消这种随机化处理。请在运行程序之前，在命令行中输入如下命令：

```
echo 0 > /proc/sys/kernel/randomize_va_space
```

5.3 CPU 眼里的地址映射

● 提出问题

5.2 节，我们见识了 MMU 隔绝时空的超能力。简单地回顾一下：就是两个进程，它们都有一个变量 a。虽然它们的程序地址也就是虚拟地址都是 0x0804 a020，如图 5-24 所示，但实际上，它们会被 MMU 分别映射在不同的物理地址上面，从而实现了它们在内存空间上的隔离。

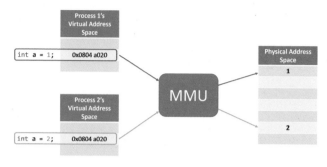

图 5-24

⬤ 问题分析

好了，看上去非常神奇，但作为程序员的你，应该如何实现这个功能呢？

我想，最简单的方法就是：作地址映射。让我们作一个最简单的地址映射表，如图 5-25 所示。

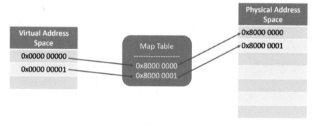

图 5-25

第 0 行是虚拟地址 0x0000 0000 对应的物理地址；第 1 行是虚拟地址 0x0000 0001 对应的物理地址。以此类推，我们就可以为整个地址空间建立地址映射关系，如图 5-26 所示。

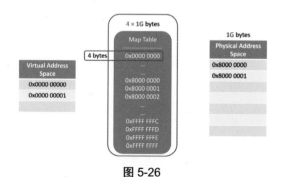

图 5-26

但看似完美，实则荒谬！

简单地算一笔账：如果是 32 位系统，每个内存地址需要 4 字节来表示。所以，表的每一行，需要 4 字节的存储空间。如果你的物理内存是 1GB，地址映射表就需要有 1G 行。那光存储地址映射表，就需要 4GB ！即使把整个内存全用上，还倒欠 3GB，这岂不是赔了夫人又折兵？

那么如何解决这个问题呢？没错，就是你既熟悉又陌生的内存分页。不同于表的一行，只能为一字节的内存建立映射关系。分页的方式是让表的一行为一段 4KB 的连续内存建立映射关系，如图 5-27 所示。

图 5-27

而这连续的 4KB 的内存块，就是页。这时，我们也称这个地址映射表为页表。

让我们再算一下页表的存储开销，如图 5-28 所示。

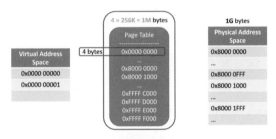

图 5-28

页表的每一行，还是需要 4 字节的存储空间，1GB 的物理内存，可以被分成 256K 个页，所以页表的行数也是 256K。那整张页表，所占用的内存开销就是 1MB（256KB×4）。

相比刚才的方法，地址映射表的体量被大大缩小了。所以，你现在明白为什么要分页了吧？

好了，页表已经建立好了，让我们实战一下虚拟地址转换成物理地址的过程，如图 5-29 所示。

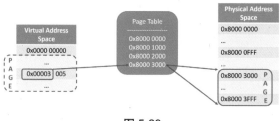

图 5-29

左边是一个 32 位的虚拟地址：0x00003005，其中高 20 位（0x00003）表示该虚地址的虚拟内存页信息。

因为它的值是 3，就是让 MMU 查看页表的第 3 行（起始行是 0 行）的值，也就是 0x80003000，它就是虚拟内存页对应的物理内存页的起始地址。

让我们钻进这个物理内存页仔细看看，如图 5-30 所示。

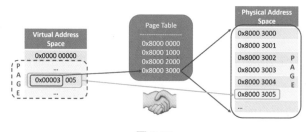

图 5-30

内存页有 4K 字节，对应虚拟地址的是哪部分呢？答案是虚拟地址的低 12 位（0x005），它正好可以表示 4K 个自然数，用来做内存页的内部索引，真的是刚刚好！

这里，它的值是 5，所以，对应的物理地址就在第 5 个字节处（起点是 0），所以虚拟地址 0x00003005 对应的物理地址就是 0x80003005。至此，虚拟地址到物理地址的转换全部完成！

● 总结

（1）MMU 通过程序员或者操作系统提供的页表，进行虚拟地址到物理地址的转换。该转换过程由 MMU 自动完成，CPU 全程无感。

（2）每个进程，都有一张自己的页表；若它们的页表不同，则它们的进程空间是被隔离的；若页表相同或部分相同，则是在做进程间的内存共享，如图 5-31 所示。

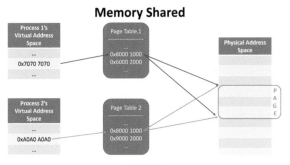

图 5-31

　　而线程没有独立的页表，它们共享同一个进程的页表，所以，线程之间，天生就可以内存共享。

　　（3）"分页"不仅针对物理地址，也应用于虚拟地址；它能有效地减小地址映射表的体量。页表里的值，不仅可以是真实的内存地址，也可以是硬盘上的扇区信息，这样，在内存不够用时，也可以用硬盘来补位。在内存十分珍贵、紧张的年代，这种技术无疑是革命性的。

　　当然，很多程序都不会用尽全部的内存，但一级页表却为整个内存建立映射，实在有点浪费。为了按需分配，现代操作系统往往会引进二级页表，可以用来进一步缩小页表的体量。

● 热点问题

Q1: MMU 本质上就是内存上的一张地址映射表吗？

A1: MMU 是硬件，程序员或操作系统需要把地址映射表的地址告诉 MMU（设置相关的寄存器），剩下的地址转换工作就由 MMU 自动完成。
地址映射需要软、硬合作，其中，软件往往是操作系统，用来在内存中提供和维护地址映射表；MMU 则是硬件，用来根据操作系统提供的地址映射表，完成从虚拟地址到物理地址的映射。

Q2: 为什么有的资料上说地址映射的过程中是先分段，再分页？

A2: 这是一个历史问题，为了兼容历史产品，x86 的 CPU 一直保持着分段的功能，不过在虚拟地址到物理地址的映射中，分段几乎是透明的，不会对地址转换形成明显的影响。虽然分段机制已经没有存在感了,但我们又无法否认分段机制的存在。

而现在比较新的 ARM CPU 就没有历史包袱,不用支持分段机制,只支持分页就足够了。

5.4 CPU 眼里的 volatile

● 提出问题

能用到 volatile 的同学,可能都是大神级的存在!

volatile 可以放在变量的前面,用来说明这个变量是易变的、不稳定的。相信看到这个解释后,除了原作者,所有人都是一脸懵。变量本来就是可变的,又在前面加一个"易变"的修饰 volatile,不是多此一举吗?更无奈的是,很多书籍留下这句可有可无的解释后,就没有下文了。

就让我们从 CPU 的视角,还原一个完整的 volatile 的故事吧。

● 代码分析

打开 Compiler Explorer,先写一个常规变量 a;然后做一下函数调用,如图 5-32 所示。

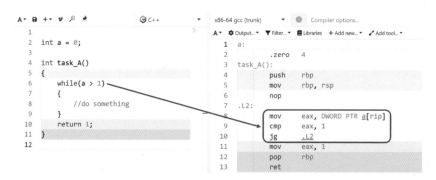

图 5-32

看一下 while 对应的 3 条汇编指令:

指令 1:读取变量 a 的值;

指令 2：比较 a 和 1 的大小；

指令 3：如果 a 大于 1，则跳回，把前两条指令再做一次。

无懈可击，非常合理！现在让我们对代码进行 2 级优化，如图 5-33 所示。

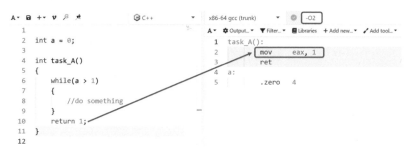

图 5-33

真厉害！12 条指令，只剩下 5 条了。while 循环都没了，函数直接返回 1。

原来，编译器会把变量 a 当常量对待。既然是常量，那变量 a 和 1 比较的结果，就是预先可知的；while 的条件不满足，显然不用执行。

所以，自然也就被编译器优化掉了，这看上去也很合理！

最后，让我们给变量 a 加上 volatile，如图 5-34 所示。

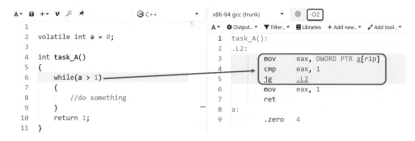

图 5-34

有趣的事情发生了，尽管还是进行了 2 级优化，但 while 对应的 3 条汇编指令又都回来了！

所以，你现在明白 volatile 的真正用意了吧？"易变"这个词不是讲给程序员听的，而是讲给编译器优化听的。

原来，编译器会把它认为值不会改变的变量，当常量对待，以此缩减不必要的 CPU 指令，换取大幅度的效率优化。而 volatile 就是阻止这种优化，让CPU 老老实实地从内存中读、写变量。

或许，就这个代码而言，你完全看不出 volatile 存在的意义。但稍微复杂一点儿，情况就截然不同了。

例如，你可能在另外一个文件 file_B 中，或另外一个线程 task_B 中，改变了 a 的值，让 a = 2，使其满足 while 的循环条件，如图 5-35 所示。

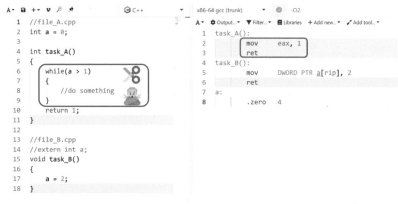

图 5-35

如你所见，如果此时编译器还认为 a 是常量 0，进而优化掉整个 while 循环，就非常不合理了！

再如，在做驱动开发的时候，你需要通过读一个寄存器来了解 USB 设备的插拔状态，如图 5-36 所示。

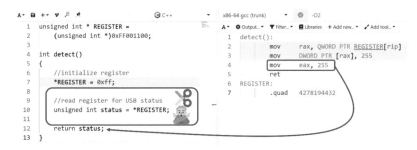

图 5-36

可在编译器眼里，你就是在读一个没有变化的变量（0xff），于是它干脆不读寄存器，就直接把立即数 255（0xff）返回给你，这样你得到的 USB 状态，永远都是没有意义的 255（0xff）。

在这两种情况下，为了防止编译器把变量当常量一样优化掉，就必须使用 volatile：

```
volatile int a = 0;
volatile unsigned int * REGISTER =
(unsigned int *)0xFF001100;
```

● 总结

（1）编译器可能对代码中的变量读、写进行适当的优化，避免没有必要的内存读、写操作，这往往会大幅度提升程序的执行效率。但编译器也是程序，只能针对特定情况做特定的优化，当程序变得复杂时，编译器也未必能完全领会程序员的意图，所以，有些时候这种优化是有害的。

（2）volatile 关键字，就是用来避免编译器的优化操作，用来保证每次对变量的读、写都是对内存的真实操作；特别是不会让编译器把某些变量当作常量对待。

（3）在编译器不开优化的情况下，很多时候，是否加 volatile，不会有任何差异。这也让 volatile 的使用场景变得十分模糊。判定 volatile 是否有存在的必要，往往需要查看代码对应的 CPU（汇编）指令，看看它是否合乎程序员的预期。

最后，不得不说，随着编译器的技术进步和各大编译器之间的巨大差异，判定一个变量是否可以被优化，也没有一个统一的标准。这也让 volatile 成为了一个最为生僻、晦涩的语法之一。

而逐个分析每一个变量是否需要 volatile，也非常不现实。所以，谨慎使用优化，或使用统一的编译器，并确保各个软件版本的优化等级一致，就显得非常必要。

● 编程轶事

阿布曾经遇到过一个很有趣的软件故障：网卡会把每一个以太网数据包发送两遍。虽然依靠着强大的 TCP/IP 协议的应对能力，这并不会影响网络通信和软件功能。但芒刺在背，吾必除之！

在查到网卡驱动程序时才发现，之所以发两次，是因为程序判定每次发送以太网包都是不成功的！所以会尝试再发一次。可明明成功地发送，为何被判定为不成功呢？

原来用来标识成功与否的寄存器，它的值被保存在一个变量里面，但由于优化的原因，而该变量被编译器当作常量 0 对待了。

所以，解决的办法也非常简单，在变量前面加上 volatile 即可。

● 热点问题

Q1: volatile 会影响 CPU 缓存吗？是让 CPU 到内存里面读、写数据，还是在 CPU 缓存中读、写数据？

A1: volatile 不会直接影响 CPU 缓存，其实想影响 CPU 的缓存，需要一些非常偏门的技巧，需要编写一些看上去非常怪异的代码（例如 meltdown、spectre）

CPU 缓存，往往对程序员、编译器都是不可见的；而 volatile 对编译器行为的影响是可见的，可以通过查看编译器产生的 CPU（汇编）指令，来发现其行为的变化。

Q2: volatile 能解决多线程的竞争问题吗？

A2: 不能！解决竞争问题，需要通过"锁"或"原子操作"来解决。应该说多线程问题和 volatile 是两个不同层面的问题。volatile 是希望消灭编译器不合乎逻辑的优化行为，而多线程是在逻辑正确的基础上，解决共享资源的竞争问题。

通常情况下，多线程问题往往需要同时用到 volatile 和"锁"（或"原子操作"），例如，我们的 task_A、task_B 在读写变量 a 的前后，都应该加上 lock 和 unlock 操作。

Q3: C++ primer 在对于 volatile 的说明中提到：即使程序代码没有修改内存单元（或变量）的值，但该内存单元（或变量）的值也可能发生变化。这句话是不是跟本节的观点不谋而合？

A3: 是的！它对应的实例就是本节介绍的 USB 设备的插拔状态。由于统一编址的原因，某些内存地址被映射到了 CPU 或芯片的某些寄存器上，它们的值会随着 USB 设备的插拔状态的变化而变化，这一切往往都是由硬件逻辑自动产生的，并不需要用程序代码进行写操作。

所以，从代码层面上看，这些内存单元的值永远不会变化，但当你插、拔 USB 设备的时候，就可能会改变它们的值。

5.5　CPU 眼里的常量

● 提出问题

　　什么是常量？常量就是数值不能变化的变量。如果如此简单、易懂的定义，你都能挑出毛病，那可能就真的是在哗众取宠了。提出问题的人，可能需要在自己身上找找原因了。

　　但你是否考虑过一个问题：是什么机制，在保证常量不能改变这个初衷呢？要知道，市面上所有的内存条都是可读、可写、可改的，想试图阻止 CPU 的写操作，谈何容易呀！

　　是程序员的自律？还是编译器的铜墙铁壁？就让我们从 CPU 的视角，解读一个常量背后的故事。

● 代码分析

　　打开 Compiler Explorer，定义一个常量 a，再定义一个变量 b；为了防止编译器优化常量 a 的读写操作，我们特意在定义常量 a 的时候加上了关键字：volatile；至于 volatile 的工作原理，请查看 5.4 节"CPU 眼里的 volatile"。接着，写一个函数 func1，用来读取并返回常量 a 的值；然后，再写一个函数 func2，用来读取并返回变量 b 的值，如图 5-37 所示。

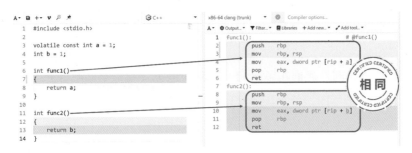

图 5-37

　　老规矩，不要关心汇编指令的具体含义，我们只比较二者的差异。很显然除了 a、b 的内存地址不同外，两个函数的汇编指令完全相同！编译器并没有对变量和常量作任何的区分和特殊处理。

　　难道，我们又要得到一个耸人听闻的结论：变量与常量，本质上没有任何区别？且慢，我们再看看写操作，先给变量 b 赋值，编译通过，没有问题。

再给常量 a，赋相同的值 1，虽然我们并没有试图改变常量 a 的值，但我们的代码，还是会被编译器无情地拒绝！

看来，常量的含义不仅仅是它的值不可改变，原来它是彻底地拒绝写操作呀，即便是你并不打算改变它的值。看来 const 关键字还真能保护常量的值，不会被重新写入。

为了解除编译器层面的禁止，我们需要为常量 a 稍微换个马甲，帮助它绕过编译器的检查，如图 5-38 所示。

图 5-38

如你所见，对常量 a 作一个向普通 int 类型的转换，这样就可以通过编译了。

再比较一下函数 func1 和函数 func2 的汇编指令，如你所见，除了 a、b 的内存地址不同外，它们的汇编指令是完全一致的！

好了，如此看来，常量 a 和变量 b，在读、写操作上面都是完全一致的。排除编译器在语法层面对常量的保护，我们能否认为常量与变量的本质是完全相同的呢？

到底是否相同，我们实际运行一下就知道了。写一个函数 main，先调用一下函数 func2，一切正常；然后我们再调用一下函数 func1，如图 5-39 所示。

如你所见，在调用函数 func1 的时候程序出错，返回值 139 意味着：段错误（segmentation fault）。这是为什么呢？让我们分别打印常量 a 和变量 b 的内存地址，如图 5-40 所示。

如你所见，虽然 a、b 是依次定义的，但是内存地址的距离，却超过了 8K 字节。它们显然不在同一个内存页里面，如 1.2 节 "CPU 眼里的程序运行" 所说，程序运行前，代码中的全局变量、常量会被拷贝到数据段。只是这个数据段还会被细分成只读数据段和可读、写数据段，因此，它们所在的内存页的读、写属性可能是不同的，如图 5-41 所示。

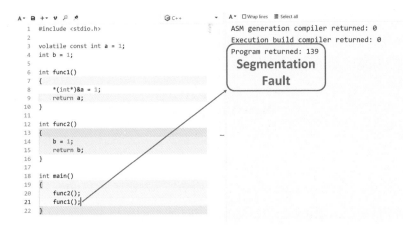

图 5-39

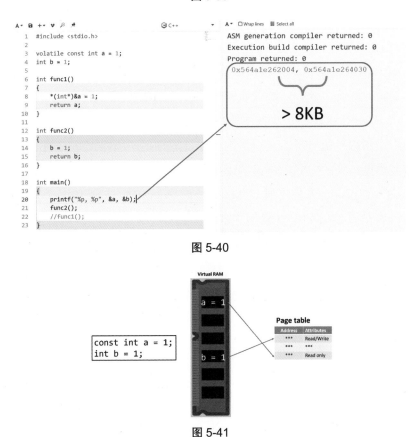

图 5-40

图 5-41

我们猜变量 b 所在的内存页，在 MMU 映射表中的属性是可读、可写的；

常量 a 所在的内存页，在 MMU 映射表中属性是只读的。因此，当我们强行对 a 进行写操作时，就会触发 CPU 异常，导致程序崩溃。

因为，内存页的读写属性，不仅对常量 a 所在的内存有效，甚至对整个 4KB 的内存页都是有效的。所以，即使试图对 a 周围的内存进行写操作也是不被允许的，如图 5-42 所示。

```
*(int*)(&a + 4) = 1;
*(int*)(&a + 8) = 1;
```

✖

图 5-42

夸张地说，现代操作系统和编程语言的实现，都离不开 MMU 这个好帮手。更多的 MMU 知识，还可以查看 5.1 节 "CPU 眼里的虚拟内存"。

● 总结

（1）常量并不仅仅是不能改变初值的变量，也是不允许对其二次写入的变量。除此之外，它跟普通变量一样，也是某个内存地址的别名。

（2）编译器可以通过对代码的解读，阻止明显的、针对常量的写操作。但由于常量跟变量一样，也只是内存地址的别名，所以程序员很容易通过指针或类型转换的方式，逃过编译器的检查。

（3）真正保证常量不被写入的安全阀是 MMU，它能从物理上阻止对特定内存的读写。如果常量所在的内存页是不可读写的，例如 read only 数据段，那么写操作会被 MMU 阻止，并产生 CPU 异常。

但如果常量所在的内存页是可读、写的，例如函数内部定义的临时的 "栈" 常量，由于 "堆栈" 本身是可读、可写的，所以在逃过编译器检查后，"栈" 常量也是可以顺利写入的，如图 5-43 所示。

```
int func3()
{
    const int a = 1;
    *(int*)(&a) = 2;
    return a;
}
```
✔

图 5-43

● 热点问题

Q1: 如果我通过 cast 强行转换成非 const 变量呢？

A1: 效果是一样的，你或许可以绕过编译器的检查，但在真正写操作的时候，会被 MMU 察觉到。

Q2: 单片机，例如 STM32，没有 MMU，它能阻止对常量的写操作吗？

A2: 虽然单片机可能没有 MMU，但它仍然有可能阻止程序对常量的写操作。因为，单片机在编译完程序后，往往会通过专门的设备把程序中的常量、函数，烧写在 ROM 上面。

由于 ROM 的写入过程比较特殊，需要配合特定的设备和总线操作，CPU 不能通过常规的内存读、写指令（例如 MOV 指令）来改写 ROM 上的信息，所以，代码对常量的写操作，即使可以顺利运行，但也很难真正改写 ROM 上的常量。

5.6　CPU 眼里的系统调用

● 提出问题

　　"系统调用"是现代大型操作系统的核心功能，那你知道什么是系统调用吗？它跟"函数调用"有什么区别呢？为什么有人说普通程序员跟大神之间就差了一个系统调用？如何在 2 分钟内，手写一个可以运行的系统调用？

　　这里，我们以 Linux 操作系统为例，从 CPU 的视角，开启今天的"系统调用"之旅。

● 代码分析

　　其实，当你写第一个程序 hello world 的时候：

```c
int main()
{
    printf("HiWorld\n");
}
```

　　你已经在做"系统调用"了。虽然，hello world 是公认最简单的程序，但在 CPU 眼里，可一点都不简单！

因为，这个从天而降的 printf 函数，不仅仅帮你实现了字符打印，还依次穿透了整个计算机系统的应用层、操作系统层、驱动层和硬件层，如图 5-44 所示。

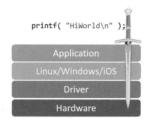

图 5-44

显然，这都不是普通函数能做到的！真正的幕后英雄是操作系统，是它调动了驱动和硬件，才完成了字符的显示。我们不过是通过 printf 函数，召唤操作系统完成特定的工作而已，而这个召唤过程就是"系统调用"。

为了便于描述，我们把 printf 直接替换成：它必须要做的系统调用 write，如图 5-45 所示。

图 5-45

其中，参数 1 是标准输出设备（stdout）的文件描述符，它的值是 1；参数 2 是字符串"HiWorld\n"所在内存的首地址；参数 3，是字符串"HiWorld\n"的长度 8 字节。

它所对应的 CPU 指令如图 5-46 的左侧所示。好了，让我们化身成世界最慢的 CPU，看看系统调用的具体过程。

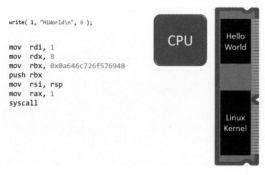

图 5-46

假设上边的内存颗粒存放着 hello world 程序；下边的内存颗粒存放着 AMD64 的 Linux 操作系统。

先看第 1 条 CPU 指令，它把参数 1 的值 1，传递给寄存器 rdi；第 2 条 CPU 指令，把参数 3 的值 8，传递给寄存器 rdx，如图 5-47 所示。

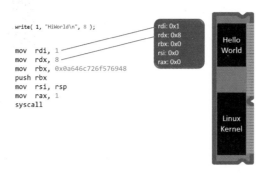

图 5-47

没想到吧？系统调用的参数传递方法，跟普通函数是完全一致的！有兴趣的同学，可以回看一下 3.1 节 "CPU 眼里的参数传递"。

随后的 3 条 CPU 指令，用来把字符串写入 "堆栈" 内存，并把内存地址传递给寄存器 rsi。假设这段内存就是当前的堆栈（为了方便展示 "堆栈" 的堆叠结构，下面是高端地址，上面是低端地址），如图 5-48 所示。

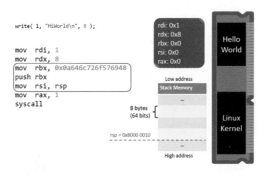

图 5-48

每个内存块的字节长度为 8 字节；虚线，表示 "堆栈" 栈顶的内存地址，也就是 CPU 寄存器 rsp 的值，如图 5-49 所示。

好了，先把字符串 "\ndlroWiH" 对应的 8 字节无符号数 0x0a646c726f576948，写入寄存器 rbx。每个字节，正好对应着 1 个字符的 ASCII，至于为什么按倒序写？会在下一节详细讲解。

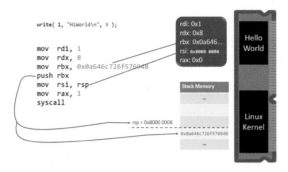

图 5-49

随后的 push 指令，把 rbx 的值压入"堆栈"，栈顶也随之上升，这样，就把字符串写入到堆栈内存了；而这个字符串所在的内存地址，正好就是此时寄存器 rsp 的值 0x8000 0008。

最后，mov 指令把寄存器 rsp 的值，传递给寄存器 rsi，这样，参数 2（字符串"HiWorld\n"的内存首地址）的传递工作，也完成了。

好了，万事俱备，可以进行系统调用了，如图 5-50 所示。

图 5-50

mov 指令，把 1 传递给寄存器 rax，表示我们要做 1 号系统调用；随后的 syscall 指令，会产生 CPU 异常，迫使 CPU 切换到操作系统内核，进行异常处理，如图 5-51 所示。

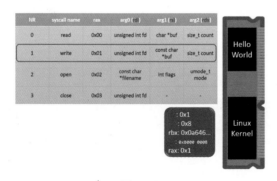

图 5-51

操作系统，早就为所有的系统调用准备好了一张表格，每一行都对应着一个系统调用。因为，此时寄存器 rax 的值是 1，所以操作系统会执行第 1 行的系统调用，分别在寄存器 rdi、rsi 和 rdx 里面调用所需的参数。

剩下的事情，就由操作系统代劳了：把字符串输出到显示屏上。至此，整个系统调用结束！

但无论多么精妙的讲述，都无法替代一次上手操作，我们可以把代码粘贴到一台 64 位的 Ubuntu 计算机上，当然，也可以在虚拟机 或 Windows 自带的 Linux 子系统（WSL）上操作：

先安装一下编译器 nasm，作一下编译，现在就可以运行了，如图 5-52 所示。

```
File  Edit  Selection  View  Go  Run  Terminal  Help            syscall.s - Visual Studio Co

ᴬˢᴹ syscall.s  ×

D: > ᴬˢᴹ syscall.s
  1    # 1) apt install nasm
  2    # 2) nasm -f elf64 syscall.s  && ld syscall.o
  3    # 3) ./a.out
  4
  5    section .text
  6      global _start
  7        _start:
  8          mov rdi, 1                    ;arg0
  9          mov rdx, 8                    ;arg2
 10          mov rbx, 0x0a646c726f576948   ;arg1 = HiWorld\n
 11          push rbx
 12          mov rsi, rsp
 13          mov rax, 1
 14          syscall
 15
 16          mov al, 60                    ;exit
 17          syscall
 18

PROBLEMS   OUTPUT   DEBUG CONSOLE   TERMINAL

root@HP-Z4:/mnt/d# nasm -f elf64 syscall.s  && ld syscall.o
root@HP-Z4:/mnt/d# ./a.out
HiWorld
root@HP-Z4:/mnt/d# █
```

图 5-52

不出所料，字符串被打印了出来。当然，我们还可以修改代码，打印一些有趣的东西。可以扫描右侧二维码获取代码，可以按照上面的步骤，亲手操作一下。

syscall.s

● 总结

（1）"系统调用" 跟 "函数调用" 一样，都可以通过寄存器来传递参数，但会用 syscall 指令触发 CPU 异常，从而让操作系统，接管后面的功能实现。

（2）系统调用会引发 CPU 状态切换，CPU 在用户态准备参数，然后切换到内核态完成功能。

（3）系统调用能够有效的隔离应用程序和操作系统核心，提高整个系统的安全性。

（4）系统调用的实现，会因为 CPU 指令集的不同而不同。几乎所有重要的库函数，都需要通过系统调用来实现，看看图 5-53 中的 Linux 的 "系统调用" 表，是不是觉得非常眼熟呢？

NR	syscall name	references	%rax	arg0 (%rdi)	arg1 (%rsi)	arg2 (%rdx)
0	read	man/ cs/	0x00	unsigned int fd	char *buf	size_t count
1	write	man/ cs/	0x01	unsigned int fd	const char *buf	size_t count
2	open	man/ cs/	0x02	const char *filename	int flags	umode_t mode
3	close	man/ cs/	0x03	unsigned int fd	-	-
4	stat	man/ cs/	0x04	const char *filename	struct __old_kernel_stat *statbuf	
5	fstat	man/ cs/	0x05	unsigned int fd	struct __old_kernel_stat *statbuf	
6	lstat	man/ cs/	0x06	const char *filename	struct __old_kernel_stat *statbuf	
7	poll	man/ cs/	0x07	struct pollfd *ufds	unsigned int nfds	int timeout
8	lseek	man/ cs/	0x08	unsigned int fd	off_t offset	unsigned int whence

图 5-53

最后，不是所有的操作系统都支持系统调用，许多单片机操作系统，就不支持系统调用，程序员在调用操作系统的高级功能（例如：创建线程、sleep）时，大多是在作普通 API 函数的调用。

● 热点问题

Q1: 实例程序，相当于一个脱离了 C 运行库的 hello world 程序，是这样吗？

A1: 是的，因为脱离了第三方库的支持，这也可能是世界上最小、最简单的 hello world 程序。当然，printf 这个库函数，并不仅仅是把字符串打印出来那么简单，其实它包含了更丰富的功能，例如：格式化字符串、不同进制（二进制、八进制、十六进制）之间的数制转换等。

Q2: 系统调用，存在的意义是什么？

A2: 系统调用的一个重大意义是：隔离了用户空间和内核空间。以本章节的实例来说，在系统调用前，都是在用户内存空间，运行用户的代码；在 syscall 指令之后，CPU 会跳转到内核内存空间，运行操作系统预设好的代码。

内核态的代码（例如：操作系统、驱动程序代码），一旦运行出错，往往就是系统崩溃或蓝屏，因此它们往往是经过了千锤百炼，基本确保了正确性、安全性的可靠代码。

相比之下，程序员编写的在用户态下运行的程序，出错的可能性更大，但由于这种良好的隔离，不会让用户态的错误影响到内核态。所以，即使用户的程序崩溃，也不会影响到整个计算机系统（例如：操作系统、驱动程序）的继续运行。

Q3: 为什么把系统调用设计成这个样子？貌似不能随意改动，万一设计出来，不合理怎么办？

A3: 形成一个固定的规则非常重要，这样才便于各种库函数的开发，如果系统调用的接口、编号不断变化，那对应的函数库（例如：C 标准库、多线程库），也需要不断的调整！这非常不利于软件的标准化、工业化。

至于可能的设计缺陷，一方面要在开发的早期，及时发现、及时解决；另一方面可以由库函数来做适当修正，如你所见，系统调用的功能是非常基本的，更丰富的功能往往是由库函数来完善的。保持系统调用的简单性，本身就是良好的设计。如你所见，无论 Windows 还是 Linux，它们的系统调用都非常相似，这也足以说明当前设计方法的可行性。

5.7 CPU 眼里的大端、小端

● 提出问题

在 5.6 节 "CPU 眼里的系统调用" 中，我们一起从 CPU 的视角，揭示了 Hello World 程序的运行原理。没想到入门级的代码，居然隐藏着如此巨大的信息量！

同时，我们也留下了一个小尾巴：为什么打印 HiWorld↵ 的时候，要按倒序写？现在就让我们用 CPU 的视角，一起分析一下这个问题吧。

◯ 代码分析

写一段最简单的打印代码，定义一个 8 字节的长整型变量 a，我们顺序地把 HiWorld↵ 对应的 ASCII 码赋给它，然后再把 a 以字符串的形式打印出来，如图 5-54 所示。

```
int main()
{                              ┌──────────────┐
    unsigned long a = 0x4869576f726c640a;   │ H i W o r l d ↵ │
    printf("%s", (char*)&a);   └──────────────┘
}
```

```
Output:
↵
d l r o W i H
```

图 5-54

如果是 x86 的 CPU 运行这段代码的话，输出的结果就是倒序写的 HiWorld↵。

为什么会出现这种倒序的结果呢？可以肯定的是 printf 一定是顺序的，从低到高的把每个字节逐次打印出来。所以，一定是 CPU 把数值（0x4869576f726c640a）倒序地写入了内存，如图 5-55 所示。

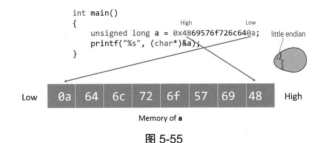

图 5-55

仔细观察一下，CPU 不过是把数值的低位字节写在内存的低地址；把数值的高位字节写在内存的高地址，也就是所谓的"小端"模式。

这看上去也很合乎逻辑，之所以觉得 CPU 是在倒着写。可能只是我们在书写数字上面，早已习惯了从左往右，先写数值的高位，后写数值的低位。这种书写习惯，这有点像 CPU 的"大端"模式，如图 5-56 所示。

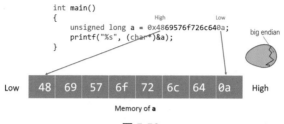

图 5-56

也就是 CPU 把数值的低位字节写在内存的高地址，把数值的高位字节写在内存的低地址。

当然，这种情况不仅仅针对 long 类型的变量，所有的多字节变量，都存在这样的问题。例如 short 类型的变量 a，让 CPU 对其所在内存写入 0x1122。

小端模式的 CPU，会将 0x22、0x11 依次写入变量 a 所在的内存；而大端模式的 CPU，会将 0x11、0x22 依次写入变量 a 所在的内存，如图 5-57 所示。

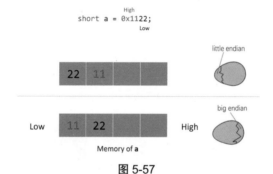

图 5-57

读操作的时候，也存在同样的问题。例如 int 类型的变量 a，它的值有 4 字节，依次存储在内存中，CPU 通过 mov 指令，把值从内存读入到 CPU 寄存器后，如图 5-58 所示。

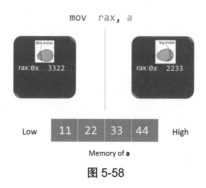

图 5-58

如你所见小端模式的 CPU，会认为变量 a 的值是 0x44332211；而大端模式的 CPU，则会认为变量 a 的值是 0x11223344。

下面是当今主流 CPU 的大、小端状况一览表，其中 ARM 的大、小端还是可调的，也就是说，它既可以是大端，也可以是小端，如图 5-59 所示。

Processor	Endianness
Motorola 68000	Big Endian
PowerPC (PPC)	Big Endian
Sun Sparc	Big Endian
IBM S/390	Big Endian
Intel x86 (32 bit)	Little Endian
Intel x86_64 (64 bit)	Little Endian
Dec VAX	Little Endian
Alpha	Bi (Big/Little) Endian
ARM	Bi (Big/Little) Endian
IA-64 (64 bit)	Bi (Big/Little) Endian
MIPS	Bi (Big/Little) Endian

图 5-59

试想一下，我们想把 int 类型的变量 a 的值 0x11223344，从你的本地内存中分享给其他计算机。无论是通过网线还是 WiFi，我们都能把这个值，准确无误地复制到其他计算机内存里面，如图 5-60 所示。

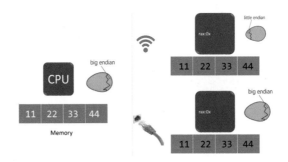

图 5-60

但如果接收方的 CPU 是小端模式，它会认为变量 a 的值是 0x44332211；而如果接收方的 CPU 是大端模式，它会认为变量 a 的值是 0x11223344。

那用什么办法才能避免因为 CPU 大、小端模式的不同，所造成的读写歧义呢？

解决方法或许很简单，就是在传输、共享数据的时候，不要传输像 short、int、long 等多字节数据类型；而是使用单字节数据类型！没错！就是字符串。

例如，我们再传输数值 0x11223344 时，就把其对应的 8 字节字符串传递出去，如图 5-61 所示。

图 5-61

这样，接收方就不用同时解读多个字节，而是通过一定的程序，像人一样，分析整个字符串，了解变量 a 的值，从而避免了大小端差异问题。

比较而言，用字符串的形式传递数值，需要传递更多的数据量；接收方还要配合一定的解析程序。看上去会更加麻烦一些，但却能很好地解决 CPU 的大小端问题。

如今的互联网，在传输和共享数据时，也会采用只包含字符串的纯文本文件。例如我们所熟知：HTML、XML、JSON、YAML、TOML 都是纯文本文件。

● 总结

（1）CPU 在从内存中读、写多字节数据（long、int、short）时，不同的模式，对数据的高、低位的解读顺序是不同的，也就是 CPU 的大、小端差异。

（2）为了克服因为大、小端差异，造成的数据解读歧义，我们可以用单字节的字符串，进行数据共享，例如在物联网中，广泛使用的 JSON 格式。

（3）今天仍然有很多设备，例如 I2C、SPI 设备还是会发送、接收多字节数据，开发者需要根据设备手册来确定设备是先发高位字节，还是先发低位字节。并根据自己的 CPU 类型，手动适配。

最后，大小端问题，仅仅针对于多字节的数据类型，对单字节里面的每个位（bit）是没有影响的。正因如此，我们在传递单个字节或字符的时候，并不会产生颠倒问题。

至于"位域"操作，通过下面的代码和对应的汇编指令，如图 5-62 所示。

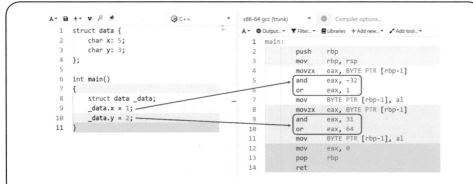

图 5-62

我们可以很容易地猜出："位域"操作，不过是在完整字节的基础上，作与、或运算而已。

● 编程轶事

在嵌入式、物联网软件的开发过程中，程序员不仅要面对软件层面的模块，有时候也需要面对硬件上的物理模块。它们之间往往需要进行数据通信。

有一次，我们通过一个串口跟一个物理模块通信，在 PC 上一切正常，数据、波形都非常丝滑。但是同样的代码在编译、烧写到目标板后，虽然程序依然可以顺利运行，但数据、波形就变得忽大忽小，像噪声一样，没有任何规律。

在排除硬件问题、噪声问题后，我们发现还是软件问题，相信你也猜到了 PC 机的 CPU 是小端的，而目标板的 CPU 是大端的。在做好正确的转换后，数据、波形又重新恢复了丝滑。

● 热点问题

Q1: 解决大小端问题，难道没有其他的办法吗？一定要用单字节的字符串？例如网络字节序，就默认使用大端模式。

A1: 为了避免大小端问题，采用单字节的字符串是一个简单的办法，但不是唯一的办法。

例如传递数值 123，你可以传递 3 个单字节字符 "123"，也可以传递 3 个多字节的 UTF 字符 "一二三"（需要配合更加复杂的解析程序），如果不嫌折腾的话，还可以传递"壹佰贰拾叁"。

另一方面，为了追求效率，一些 I2C、SPI 网口还会坚持使用"多字节"数据类型，此时，驱动、协议栈开发者就需要自己做好大、小端的适配工作。例如，我们在作网络编程的时候，经过会用到 htons、htonl、ntohs、ntohl 这些函数接口，用来做字节序的转换。

Q2: CPU 产生大、小端问题的本质是什么？

A2: 其实这个问题是非常常见的，不仅 CPU 存在大、小端问题，我们人类本身也存在大、小端问题。并不是世界上所有的人类和计数方法都是先写数字的高位，再写数字的低位！（有点像 CPU 的大端模式）别忘了：存在几千年的古文，很多都是：从右往左写的。

无论是人类、还是 CPU，我们在记录多位数据的时候，都存在一个选择是先写高位，还是先写低位呢？或者先写中间位？我们和 CPU 只有在读写仅 1 位的数字时，没有这个先后顺序的困扰。

请告诉我如图 5-63 两个"恭喜发财"，哪个正确？哪个合理呢？

图 5-63

最后，小端模式，虽然在阅读上面，跟当今的主流书写方式相悖，但在电路设计上，表现得更加统一（CPU 寄存器的低位，对应着内存的低位地址；CPU 寄存器的高位，对应着内存的高位地址），如图 5-64 所示。

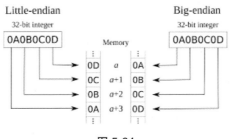

图 5-64

5.8 CPU 眼里的上下文

● 提出问题

线程切换或任务切换是一个老生常谈的话题，拥有着旺盛的生命力。因为它是操作系统的核心，是软件和 CPU 硬件的完美结合体。当然，也正是因为有 CPU 这层硬件阻隔，让我们很难看清线程切换的庐山真面目。

● 代码实验

阿布找到了一块"透明"的单核、没有 cache 的 CPU 和内存，希望能帮你一窥其中的奥秘，如图 5-65 所示。

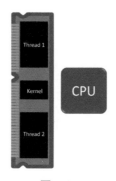

图 5-65

方便起见，假设线程 Thread 1 的代码、数据、堆栈，被操作系统分配在上边的内存颗粒上；线程 Thread 2 的代码、数据、堆栈，被分配在下边的内存颗粒上；中间的内存颗粒，则存放着操作系统内核的代码、数据。当然，内核不是我们今天讨论的重点。

好，系统开机，一切从内核开始，先创建两个线程的初始上下文（也就是初始的 CPU 寄存器信息），并存入相应的内存颗粒上，如图 5-66 所示。

经过内核的线程调度，决定线程 Thread1 运行，也就是用线程 Thread1 的上下文，来设置 CPU 寄存器，其中 eip 寄存器让 CPU 跳转到函数 Thread1 上运行，如图 5-67 所示。

线程 Thread 1 的代码非常简单，就是作一次加法运算。考虑到我们的重点是 CPU 操作，所以只关心下面的汇编指令部分。

图 5-66

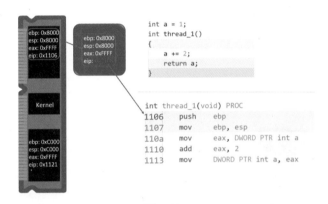

图 5-67

先运行前 3 条 CPU 指令，如图 5-68 所示。

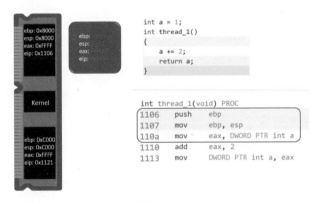

图 5-68

其中，头 2 条指令是设置函数"栈帧"，也就是设置 CPU 寄存器 ebp、esp 的值。具体意图，可以参看前面的 3.2 节"CPU 眼里的函数括号 {}"；第 3 条 mov 指令，则是将变量 a 的值 1，存入寄存器 eax。

此时，发生时钟中断，CPU 跳转到内核代码，内核将当前的 CPU 上下文，也就是线程 1 的上下文，保存到线程 1 所在的内存颗粒上，如图 5-69 所示。

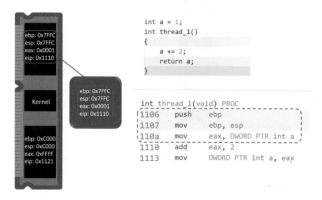

图 5-69

这次，调度器决定让线程 Thread 2 运行，同样，也就是用线程 Thread 2 的上下文，来设置 CPU 寄存器，如图 5-70 所示。

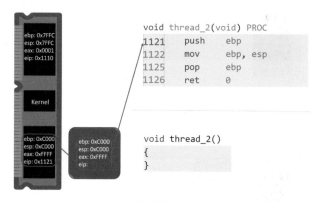

图 5-70

其中，eip 寄存器让 CPU 跳转到函数 Thread 2 上运行，线程 Thread 2 是一个空函数，但依然对应了 4 条 CPU 指令。先运行第一条 push 指令，如图 5-71 所示。

如你所见，它会改变 CPU 寄存器 esp 的值。这时，再次发生时钟中断，CPU 再次跳转到内核代码。内核又将当前的 CPU 上下文，也就是线程 Thread 2 的上下文，保存到线程 Thread 2 所在的内存颗粒上，如图 5-72 所示。

这次，调度器决定让线程 Thread 1 继续运行，还是老办法，通过用线程 Thread 1 的上下文，来设置 CPU 寄存器，如图 5-73 所示。

```
void thread_2(void) PROC
1121    push    ebp
1122    mov     ebp, esp
1125    pop     ebp
1126    ret     0


void thread_2()
{
}
```

图 5-71

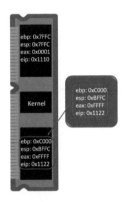

```
void thread_2(void) PROC
1121    push    ebp
1122    mov     ebp, esp
1125    pop     ebp
1126    ret     0


void thread_2()
{
}
```

图 5-72

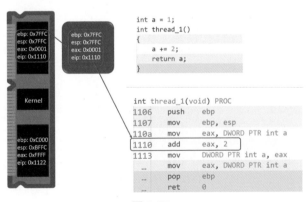

```
int a = 1;
int thread_1()
{
    a += 2;
    return a;
}
```

```
int thread_1(void) PROC
1106    push    ebp
1107    mov     ebp, esp
110a    mov     eax, DWORD PTR int a
1110    add     eax, 2
1113    mov     DWORD PTR int a, eax
...     mov     eax, DWORD PTR int a
...     pop     ebp
...     ret     0
```

图 5-73

这样，eip 寄存器让我们再次回到了函数刚刚被打断的地方；寄存器 eax，也恢复到获得变量 a 的值（1）的状态。万事俱备，线程 Thread 1 又可以继续运行了，就好像 Thread 1 从未被中断、休眠一样。

好了，到这里，一个完整的上下文保存、恢复和切换的过程就完成了！如你所见，保存和恢复上下文，不过是在保存和恢复 CPU 的寄存器。

当然，根据被打断的程序主体和时机的不同，还会把上下文细分成线程上下文、进程上下文、中断上下文。名称虽多，但它们都是一样的配方、一样的味道。

● 总结

（1）简单地说：上下文，就是 CPU 当前的寄存器信息。保存、恢复上下文的过程，就像是保存和恢复一个人的记忆，通过恢复 CPU 过去的记忆，让 CPU 回到过去的状态。

（2）除了中断、任务调度会强行保存、恢复上下文，程序也可以主动保存上下文。例如：通过调用 sleep、mutex、semaphore 主动放弃线程或进程的运行机会，迫使操作系统保存上下文。

（3）不同线程的代码、数据、堆栈也可以放在同一个内存颗粒上，一般来说，不同线程的代码、数据，是不会被混淆的。当然为了安全，也可以进程的形式运行，因为 MMU 可以实现进程间，在内存空间上的隔离。

最后，实际情况下，程序用到的寄存器不止我们提到的 4 个，需要对更多的寄存器进行保存和恢复工作。不同的操作系统、CPU 在实现上下文上面，也会有所差异。

● 编程轶事

一次偶然的机会，阿布获得了微软的面试机会。在一轮面试中，面试官问道：如何在小型物联网操作系统上（例如：ucos），统计每个任务（线程）的 CPU 使用率？我的回答是：在单 CPU 的情况下，可以在操作系统的任务切换函数中，统计一下每个任务的运行时间。

我想这个问题很偏门，也没可操作性，解释到这里，应该就可以结束了。但面试官连续问了两个问题：你如何证明统计结果是正确的？实践中会遇到什么问题？

好巧不巧，这件事情，阿布正好做过。

（1）一般操作系统，都有一个 API，显示整个系统的 CPU 使用率。如果我的统计方法正确的话，所有任务的 CPU 使用率之和，应该与系统 API 的统计结果基本一致。

（2）实际中，所有任务的 CPU 使用率之和，往往小于系统 API 的统计结果，在当时的软、硬件环境下，这个差值大约为 1%。原因有两个：

- 由于舍入误差，多次相加后，数值小于真实值。
- CPU 在实际运行中，除了运行各种任务（线程）以外，还会进行中断处理，而中断处理对 CPU 的使用率，用这种方法是无法统计到的。

后来得知，那轮面试中，阿布获得了一个珍贵的 strong hire 的评价。感谢日常的积累，和对"无用知识"的坚持。

● 热点问题

Q1: 如果有多个线程的情况，是不是需要多个 CPU 寄存器？

A1: 不是的。CPU 寄存器是 CPU 的固有硬件，一个 CPU 核心只有一套 CPU 寄存器。如你所见，在本文的实例中，有两个线程，但 CPU 只有 1 个，对应的 CPU 寄存器也只有一套。

但因为每个线程的运行状况，往往是不同的，所以它们的上下文也往往是不同的。因此每个线程，都需要保存各自运行时的上下文。

通常，操作系统会把上下文保存在每个线程、进程的任务控制块 TCB 中。

Q2: 多核的 CPU，是不是意味着有多套寄存器？

A2: 是的。每一个 CPU 对应着一套寄存器，多个（多核）CPU 就对应着多套寄存器。由于每个 CPU 都可以独立运行，所以可以有效提高整个系统的运行效率。特别是在单个 CPU 核心频率很难提升的情况，多核 CPU 是一个不错的解决方案。

但在处理线程、任务、进程切换时，多核操作系统需要考虑的事情也就更多，实现上也会复杂一些。

5.9 CPU 眼里的锁

● 提出问题

线程、进程锁（Mutex，Semaphore）是操作系统的核心、高级功能之一，它因何而来？要解决什么问题？它的实现原理是什么？

首先，我们先回答第一个问题：锁因何而来？因为即使最简单的代码，也会产生竞争问题。例如，这是一个最简单的 +1 函数 func，如图 5-74 所示。

```
int sum = 0;

void func()
{
    sum += 1;
}
```

```
void thread_1()          void thread_2()
{                        {
    func()                   func()
}                        }
```

图 5-74

请问，如果把这个函数 func 调用 2 次，变量 sum 的值是多少？答案既可能是 2，也可能是 1。你知道这是为什么吗？

○ 代码实验

为了重现结果是 1 的过程，阿布找到了一个透明的单核 CPU 和内存，如图 5-75 所示。

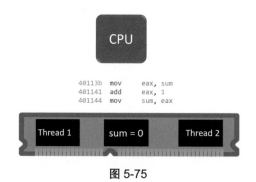

图 5-75

上方是 CPU，中间是函数 sum += 1 对应的 3 条 CPU 指令（汇编指令）。最下方是内存条。其中，左边的内存颗粒存储着线程 1 的上下文；右边的内存颗粒存储着线程 2 的上下文；中间的内存颗粒则存储着变量 sum 的值。

好了，现在我们可以运行 sum += 1 对应的 3 条 CPU 指令了。首先线程 Thread1 先运行，如图 5-76 所示。

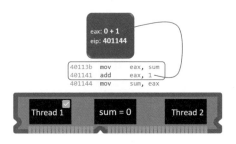

图 5-76

第一条指令，读取变量 sum 的值，并存入寄存器 eax；此时 eax 的值等于 0。

第二条指令，对 eax 作加 1 运算，也就是 0+1，结果 1，还是存入寄存器 eax。

就在这时，发生了任务切换，操作系统先保存线程 Thread 1 的上下文，如图 5-77 所示。

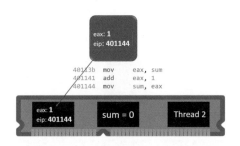

图 5-77

也就是把当前的 CPU 寄存器，存入到左边用来存放线程 Thread 1 的内存颗粒上。

随后，决定让线程 Thread 2 执行这 3 条指令，如图 5-78 所示。

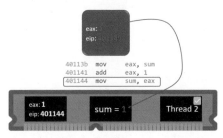

图 5-78

第一条指令，还是读取变量 sum 的值。

第二条指令，还是作 +1 运算。

第三条指令，把结果 1，写入到变量 sum 里面。

此时，再次发生任务切换，操作系统先保存线程 Thread2 的上下文，也就是把当前的 CPU 寄存器，存入到右边的内存颗粒上。随后，决定让线程 Thread 1 继续执行，通过设置 CPU 的寄存器，可以让 CPU 再次回到刚才被打断的地方，如图 5-79 所示。

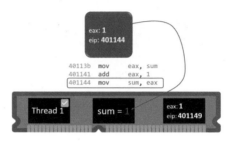

图 5-79

这也就是所谓的：恢复线程 Thread 1 的上下文。其中 eax 寄存器，被恢复到 +1 运算后的值 1，而 eip 寄存器，则让 CPU 可以继续执行第三条指令，如图 5-80 所示。

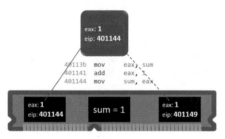

图 5-80

也就是把寄存器 eax 的值 1，写入到变量 sum 所在的内存颗粒上。至此，sum += 1 已经运行了 2 次，但 sum 的值却不是 2，而是 1 ！

是什么导致这个结果呢？ 原因有 2 个，缺一不可！让我们把这 3 条 CPU 指令，想象成高速公路；把线程 Thread 1、Thread 2 想象成两辆在高速公路上行驶的汽车 T1、T2，如图 5-81 所示。

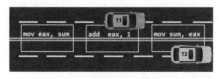

图 5-81

如你所见：

原因一：sum += 1 不是原子操作，而是由 3 条汇编指令组成，而这也是我们无法改变的现实。

原因二：线程 T1 和线程 T2 不是依次地执行这 3 条指令，而是一拥而上。所以，第 1 次 +1 运算的结果，还没完成存储；第 2 次的 +1 运算就突然介入。

这导致第一次 +1 的计算结果，不能被第二次的 +1 运算所用。所以，尽管执行了 2 次 +1 运算，其结果仍然是 1！

相反，如果让 2 个线程，依次、排他地执行这 3 条指令。这个竞争问题，就可以迎刃而解了。让时间倒退，我们来看看正确的做法，如图 5-82 所示。

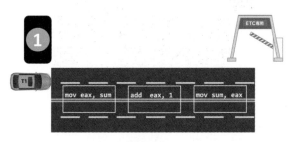

图 5-82

在指令的开头和末尾分别加上一个红绿灯和一台自动闸机。红绿灯上的数字 1，表示仅允许 1 个线程，跑这 3 条指令。线程 T1 先执行，发现是绿灯，所以就正常运行；同时由于占据了一个线程名额后，现在可运行的线程名额就是：1 – 1 = 0，红灯亮起，如图 5-83 所示。

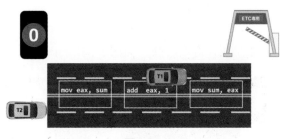

图 5-83

这时，线程 T2 过来一看，红灯，于是放弃运行，进入"休眠"状态。

随着线程 T1 跑完全程，通过自动闸机，返还了一个线程名额。这样，可运行的线程名额就是：0+1=1，绿灯再次亮起。

这样，线程 T2 就可以像线程 T1 一样，单独、排他地跑完全部指令。由于线程 T1 和线程 T2 是依次执行 sum + 1，所以 sum 最终的结果就是 2。

而红绿灯和闸机，就是大家熟悉的 mutex 加锁和解锁的 API：

```
pthread_mutex_lock()
    ...//critial section
    pthread_mutex_unlock()
```

而在红绿灯和闸机之间的代码，也就是我们常说的临界区 critical section。

那如果，红绿灯的起始数值是 2，会怎样呢？那就意味着当前的公路，最多可以同时提供 2 个车位，如图 5-84 所示。

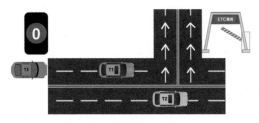

图 5-84

线程 T1 驶入后，由于占据了一个车位，现在可提供的车位数就是 2 – 1 = 1，持续绿灯；线程 T2 驶入后，也占据一个车位，现在可提供的车位数变成：1 – 1 = 0，红灯亮起。所以，当线程 T3 看到红灯时，就会就地熄火、休眠。

如果线程 1 和线程 2 一直停滞不前或迷路，没到闸机处打卡，那线程 3 只能一直休眠，也就是所谓的"死锁"。

如果一切顺利，线程 T1 顺利驶出闸机，返还了一个车位，所以，现在可提供的车位数就是 0 + 1 = 1，绿灯将再次亮起。

这样线程 3 就可以驶入公路了，因为也会占据一个车位，所以，现在可提供的车位就是 1 – 1 = 0，红灯再次亮起，如图 5-85 所示。

图 5-85

等到线程 2 和线程 3 都打卡驶出公路时，可提供的车位就是 0 + 2 = 2，绿灯再次亮起。一切恢复如初，如图 5-86 所示。

图 5-86

而红绿灯和闸机，就是大家熟悉的 Semaphore 的 wait API 和 post API：

```
sem_wait()
sem_post()
```

● **总结**

（1）Mutex 的本质还是 Semaphore，只是可用的共享资源上限是 1 而已，从而变相的实现了互斥。

（2）加锁操作，会让当前线程消耗 1 份共享资源；但如果资源已经枯竭，当前线程只能就地休眠，等待资源。而死锁，优先级反转问题，也往往在这个阶段产生，需要十分慎重。

（3）解锁操作，会返还 1 份资源，并试图唤醒还在等待资源的线程。

如你所见，锁通过线程主动放弃运行机会的方法，来协调多线程对公路、停车场等共享资源的竞争，实现线程之间的协调，也就是我们常说的同步。

需要注意的是我们用"锁"保护的是资源、数据，而不是保护某个操作或者某个函数。所以，在进行"锁"操作的时候，我们要把影响范围尽量控制在一个小的范围，不要为了保护某一个变量，而锁住整个或者大片的函数。

最后，附上了 Semaphore wait 和 post 在单 CPU 下的简易实现代码，以供读者参考，如图 5-87 所示。

```
                void sem_wait()                          void sem_post()
                {                                        {
                    disable_interrupt();                     disable_interrupt();

                    if(resource_sum > 0)                     resource_sum++;
                    {                                        struct thread* wait = pop_wait_list();
                        resource_sum--;                      if(wait)
                    }                                        {
                    else                                         wait->status = READY;
                    {                                        }
                        current_thread.status = SLEEP;
                        push_wait_list(current_thread);      enable_interrupt();
                    }                                        schedule();//schedule threads
                                                         }
                    enable_interrupt();
                    schedule();//schedule threads
                }
```

图 5-87

● 编程轶事

阿布的同事张三是一个有效率洁癖的程序员。他在 Windows 上重构了一段串口通信的代码后，发现 CPU 使用率为 5%，比以前的 4% 略高。

很快他发现了问题所在，原来他读取串口的方式，是轮询方式（由于是 Windows 环境，我们并不能直接处理串口中断），目前是 100ms 轮询一次；如果调节成 200ms 一次的话，CPU 使用率会降低到 4%，但由于轮询频率变低，串口通信，就会偶尔发生丢包，或者丢失数据。

```
void ThreadReadUart()
{
    while(1)
    {
        ReadFile(uartPort, buffer, length);
        sleep(100ms);
    }
}
```

张三觉得这是一个非常矛盾的问题，CPU 使用率和串口通信的可靠性，不能完全兼顾，为了确保串口数据能够及时读取，就需要加快串口读取频率。但读取频率的提升，必然提高 CPU 的负担，也就是提高了 CPU 的使用率。

于是他邀请阿布参与了讨论。阿布认为这个问题，本质上还是一个等待资源的问题，跟我们这里讲的"锁"也是类似的。所以，我们也可以采用类似 Semaphore 的 post、wait 操作的办法解决：

```
void ThreadReadUart()
{
    while(1)
    {
```

```
        if(WaitForSingleObject(event,INFINITE) == WAIT_OBJECT_0)
        {
            ReadFile(uartPort, buffer, length);
        }
    }
}
```

在没有资源，也就是没有串口数据的时候，线程放弃对 CPU 的使用，而进入休眠等待状态；当串口数据到了之后，再被别人唤醒。这样就提高了轮询效率，确保了每次 ReadFile 都能读到数据。

等待资源，也就是 wait 操作，根据 Windows 提供的 API，我们可以通过 WaitForSingleObject 来等待串口事件，如果没有串口事件发生，线程就会放弃运行，一直停留在 WaitForSingleObject 这里。

但如果串口数据来了，又由谁来作 post 操作呢？答案是操作系统，Windows 在发现串口出现了新数据后，会引发串口中断，Windows 的中断处理和相应的底层函数，会帮我们作一个类似 post 的操作，从而唤醒线程，继续执行 ReadFile 的工作。

经过这么修改以后，CPU 使用率居然降低到了 1%！我们也称这种解决方案为 Event，但如你所见，它们的底层逻辑跟"锁"是非常相似的。

● 热点问题

Q1: 由于永久休眠、或忘记"解锁"造成的问题，也叫"死锁"吗？难道不是两个线程互等对方占据的资源，又因为双方都没有释放资源，从而导致双方一直处于等待资源的状态，而无法继续运行的问题吗？

A1: 是的！作者认为这两种情况都会导致一些线程，因为永久等待永远无法获得的资源，而无法继续运行。所以，阿布因为个人喜好，喜欢把它们都称为"死锁"，特别的，会把互相等待对方资源的情况称为"互锁"，如图 5-88 所示。

"互锁"是经典的死锁问题，也是教科书的最爱，但在编程实践中，未必常见。

而因为永久休眠或其他原因导致没有"解锁"，而导致"死锁"的情况。在形式上更加简单，在实际编程中，也更加常见。

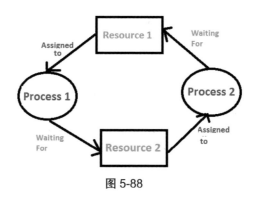

图 5-88

Q2: 为什么 Semaphore wait 和 post 的实现代码,使用关中断?这是不是太暴力了?

A2: 是比较暴力。这可能让 CPU 错失一些对外部事件(例如时钟信号、网卡收发信息等)的响应。所以,及时打开中断显得非常必要。

当然,关中断也是最简单的实现"原子"操作的办法,代码的重点是让读者理解基本的实现思路。在实现"原子"操作的具体实现上,暂时不用过于深究。因为不同的 CPU 在处理"原子"操作都会有所不同,需要具体问题,具体分析。

第 6 章　面试挑战

阅 读 建 议

恭喜大家完成了前面的学习，是时候进行一些有实际意义的挑战了。在本章的学习中，我们将挑战一些 C/C++ 的经典考试、笔试题目。

虽然这些题目的答案在网上都可以搜索到，但真正把问题解释清楚的回答并不多。很多回答为了解释一个抽象的问题，就引入了另一个抽象的问题，这有点像是在用"魔法"解释"魔法"。也正是因为很多答案中，引入了太多的抽象概念，从而导致答案往往是无法深入验证的。

当然，从 CPU 的视角，我们不仅可以深入理解 C/C++ 语法、操作系统的运行原理，还可以用来解答这些经典难题。

通过深入的学习，读者可能会发现，这些经典难题的背后，可能隐藏着更多不为人知的秘密，它们甚至很难用三言两语描述清楚，为此，阿布特意准备了大量的图片，试图为大家展示一个真实、自洽的软、硬件逻辑。

同时，阿布也反思了这些经典试题可能存在的不当之处，以及它们在实际开发工作中的可操作性。希望一些不一样的思考，会对读者未来的技术面试提供一些参考，帮助大家在众多竞争者中脱颖而出。

在阅读到每一个面试题目的时候，大家可以先自己思考一下，如果你是面试者，你会如何回答这个问题？或者带着问题去阅读本章提供的解法。总之，请尽量以实战的心态去阅读本章的内容。祝阅读顺利！

6.1　static、global 以及 local

● 提出问题

众所周知，C 语言简单、容易上手，往往是编程的入门语言。是的！如果只考虑最简单的编程场景，C 语言确实比较简单。

例如，定义一个全局变量、静态变量、临时变量（也叫"栈"变量）：

```
int a = 1;
static int b = 2;

int main()
{
                int c = 3;
}
```

就语法规则而言，应该都不是问题。但如果具体到全局变量、静态变量、临时变量之间的区别？以及它们所在的存储位置，是在初始化数据段？还是未初始化数据段时？这又岂是一句话能解释清楚的。如果能在面试中准确地回答这些问题，无疑是非常加分的。

也许，我们并不需要绞尽脑汁地为它们用百度、谷歌或 ChatGPT 找到一个合理的解释。而是从 CPU 的视角，实际走一下程序过程，就能开云见日了。

● 代码分析

打开 Compiler Explorer，定义一个全局变量 a；再写一个简单的函数 func1，并在函数里面定义一个静态变量 b；最后写一个 main 函数，做一下函数调用，如图 6-1 所示。

发现问题了吗？函数 func1 对应的 CPU 指令里面，居然对定义和初始化静态变量 b，没有任何表示！

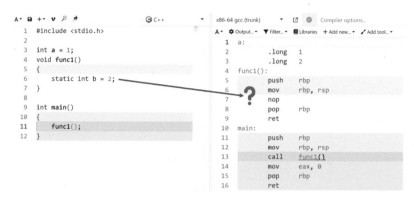

图 6-1

尽管，我们在函数 func1 里面定义了一个静态变量 b，但编译器也会视而不见！似乎这跟把静态变量 b 定义在函数 func1 外面是完全等价的，如图 6-2 所示。

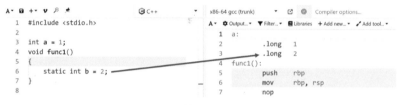

图 6-2

如果我们把它们所在的内存地址打印出来，就可以清楚地看到它们的内存地址是相互临近的，之间正好是一个 int 类型的 4 字节宽度。所以，全局变量 a 和静态变量 b 应该存储在同一块数据区域，如图 6-3 所示。

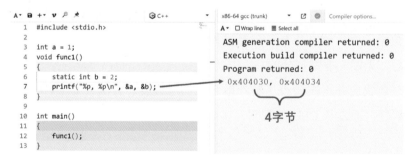

图 6-3

所以，除了编译器对静态变量 b 有作用域的限制外，静态变量 b 跟全局变量 a 的很多属性都是相似的。

甚至，当我们知道静态变量 b 的内存地址 0x404034，也可以通过指针，绕过编译器的限制，像全局变量一样读、写静态变量 b：

```
*(int*)0x404034 = 999;
```

　　好了，让我们再定义一个"栈"变量 c，然后分别做一下变量 b 和 c 的加 1 运算，并分别打印出两个变量的值和内存地址，为了让效果更加明显，我最后做一下递归调用，如图 6-4 所示。

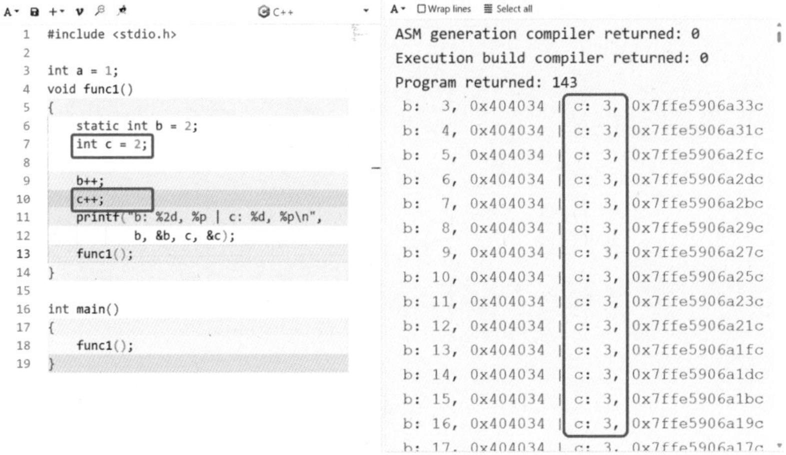

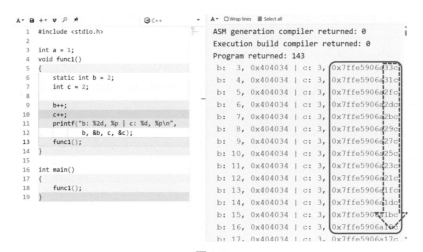

图 6-4

　　如你所见，"栈"变量 c 的值是固定的。由于每次函数调用，变量 c 都会被重新初始化为 2，然后做加 1 运算，所以，每次打印出来的变量 c 的值，都是 3。

　　但变量 c 的内存地址却不是固定的，而是在不断地变化，如图 6-5 所示。

图 6-5

　　随着函数的不断调用，变量 c 的地址值也在不断下降。这也再次证明"堆栈"是向低端地址生长的。

虽然每个变量 c 的值是相同的，但显然每个变量 c 都是不同的！它们分别存储在不同的内存地址上，每个变量 c 都属于不同的函数栈帧，如图 6-6 所示。

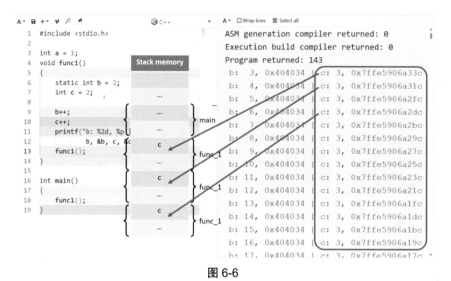

图 6-6

就像广东有一个人叫张三，上海也有一个人叫张三。但显然两个张三并不是同一个人。

再看看静态变量 b，如图 6-7 所示。

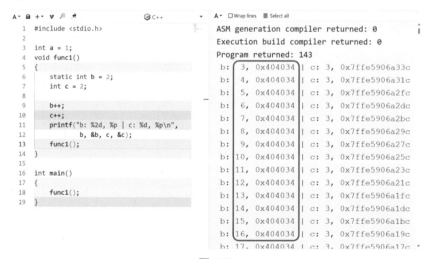

图 6-7

每次输出的静态变量 b 的内存地址都是相同的，所以，函数 func1 被调用了多少次，变量 b 就会进行多少次加 1 运算。因为，它们都是在对同一个变量 b 操作，所以，变量 b 的值会随着函数的不断调用而不断增加。

最后，我们再看看初始化数据和未初始化数据。首先定义一个赋了初值的全局变量和一个静态变量。其次定义几个全局变量或者静态变量，要么不给它们赋初值，要么就赋值为 0。最后，打印它们的地址，如图 6-8 所示。

```cpp
#include <stdio.h>

int a = 1;
static int b = 2;

int c;
int d = 0;
static int e;
static int f = 0;

int main()
{
    printf("%p, %p\n\n%p, %p, %p, %p",
            &a, &b, &c, &d, &e, &f);
}
```

```
ASM generation compiler returned: 0
Execution build compiler returned: 0
Program returned: 0
0x404030, 0x404034

0x40403c, 0x404040, 0x404044, 0x404048
```

图 6-8

在当前的编译环境下，int 类型会占据 4 字节。如果所有的变量都存储在同一个内存区域，那么它们的地址间隔应该都是 4 字节。

但显然，这些变量被分割在两个内存区域。其中变量 a、b 被安排在一个区域，也称初始化数据段，如图 6-9 所示。

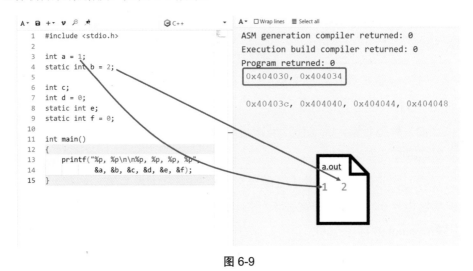

图 6-9

如 1.2 节 "CPU 眼里的程序运行" 所讲，操作系统或运行库会在程序运行的时候，从二进制文件 a.out 中，加载它们的初始值。所以，编译器会把它们的值预先存储在 a.out 里面。

　　剩下的变量 c、d、e、f 被安排在另一个区域，也称未初始化数据段。无论它们是否被初始化为 0，还是根本就没有被初始化，都会在运行的时候被操作系统的加载程序或运行库初始化为 0，如图 6-10 所示。

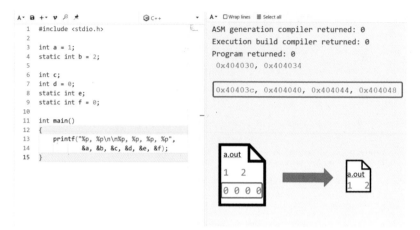

图 6-10

　　由于编译器会在 a.out 文件中标识出未初始化数据段的起始、终止地址。所以这些重复的 0 并不需要保存在二进制文件 a.out 里面。这样，一定程度上可以减少二进制文件 a.out 的大小，从而节省硬盘或 flash 的存储空间。

● 总结

　　（1）全局变量和静态变量的内存地址是固定的，但临时变量的内存地址，往往不是固定的。

　　（2）静态变量，除了作用域跟全局变量有所差异外，其存储原则、生命周期跟全局变量类似。

　　（3）无论是全局变量还是静态变量，如果它们没有被初始化，或者被初始化为 0。都会被安置在未初始化数据段，一定程度上可以节省二进制文件 a.out 的存储空间。

● 热点问题

Q1: 我们之前学的是，函数里面定义的静态变量，会在函数第一次运行到定义该静态变量的代码时，才会进行初始化。而不是如本书所说，在 main 函数运行前就完成了初始化。

A1: 传统的说法是，"函数里的静态变量，是在函数第一次运行时进行初始化的"。阿布认为这个说法有待商榷。如你所见，我们并不能从主流的编译器中找到任何依据。当然，不排除历史的原因，一些老的编译器会设法在函数第一次运行时，再做静态变量的初始化。但显然当今主流编译器的方式，显得更加简洁、统一。

Q2: 曾经遇到一个笔试题，出现了两个静态变量 a：

```
void func(int c) {
    if(c) {
        static int a = 0;
        a++;
    } else {
        static int a = 0;
        a++;
    }
}
```

请问这应该如何理解？

A2: 如果使用本文同样的分析方法，你会发现这个函数 func 对应的 CPU 指令，跟下面的代码是等价的：

```
void func(int c) {
    if(c) {
        static int a = 0;
        a++;
    } else {
        static int b = 0;
        b++;
    }
}
```

仅从代码的字面意思上看，它们是两个相同的变量 a，但从它们的内存地址上，可以很清楚地发现它们并不是同一个变量，仅仅只是代码层面上的名字相同而已。

6.2　数组和双重指针

● 提出问题

在 C/C++ 的世界里面，流传着一道非常神奇的题目。据说它是国内外某大厂甄别人才的压轴题，也是本科生、研究生考试的试金石。

由于其隐藏的知识点较多，还存在多个版本的解释。所以，这道题一直有着很高的讨论热度，也是很多 C/C++ 初学者挥之不去的心魔。

题目的形式很简单，就是有一个字符串指针数组，要求分别用数组和双重指针的方法，读出第三个字符串"hij"的第二个字符，也就是字符 i，并通过 printf() 函数打印出来：

```
void func()
{
    char *a[]={"abc","def", "hij"};
    char **p = a;

    printf("%c",            );
}
```

● 代码分析

通过 Compiler Explorer，我们可以得到函数 func 对应的 CPU 指令，如图 6-11 所示。

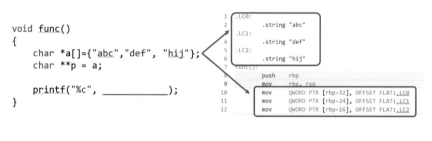

图 6-11

我们发现函数的第一行代码并不简单。从右边对应的 CPU 指令，我们可以发现它实际上做了两件事情。

第一件事情：代码定义了 3 个字符串，分别是 abc、def 和 hij。需要注意的是，这 3 个字符串并不是保存在函数 func 的堆栈里面，相反，它们保存在一个被称为"数据段"的内存块里面。

第二件事情：代码在函数 func 的堆栈里面定义了一个一维数组 a，数组有 3 个元素，它们的值分别是 3 个字符串的内存首地址。由于是 64 位的 CPU，所以内存地址需要占用 8 字节，因此 a[0]、a[1]、a[2] 的内存地址间隔是 8 字节。

当我们完全看清楚目前的内存分布后，寻找字符 i 就非常容易了。很显然，从第 3 个字符串 hij 的内存首地址开始，向后偏移 1 字节就是字符 i，所在的内存地址就是 0x40200c + 1。

如 2.4 节"CPU 眼里的指针变量"所讲，读取字符 i 的值，就是对它的内存地址做一下指针的 * 读操作，解答代码是这样的：

```
printf("%c", *(char*)(0x40200c + 1));
```

为了通过编译，我们需要做一下向字符指针的类型转换，再把 0x40200c 做等量代换，将其替换成数组 a 的第 2 个元素 a[2]：

```
printf("%c", *(a[2] + 1));
```

这个时候，就大功告成了！代码可以正确地打印出字符 i。这里因为 a[2] 本来就是 char* 类型，所以不需要做强制的类型转换了。

当然，我们还可以把代码写得更紧凑一点，如 2.6 节"CPU 眼里的数组"所讲，指针和数组在很多时候是可以相互替代的。所以，我们还可以将它改写成纯数组的形式：

```
printf("%c", a[2][1] );
```

但需要注意的是，数组 a 并不是二维数组，而是不折不扣的一维数组。它跟二维数组的内存分布完全不同，例如下面的代码。

```
#include <stdio.h>

char*a[]={"abc","def","hij"};
char b[3][4]={{"abc"},{"def"},{"hij"}};

int main()
{
    printf("%c\n", a[2][1]);
```

```
    printf("%c\n", b[2][1]);
}
```

虽然通过 a[2][1] 和 b[2][1] 都可以打印出字符 i。但二维数组 b 的内存分布是：a、b、c、0、d、e、f、0、h、i、j、0；而一维数组 a 的内存分布则是：0x402004、0x402008、0x40200c，它们分别是 3 个字符串 "abc" "def" "hij" 的内存首地址，它们的值和所占用的内存空间是完全不同的。所以尽管一维数组 a 写成 a[2][1]，数组 a 依然是一个一维数组。

需要注意的是：对于二维数组 b，其数组元素在存放方式上，跟一维数组一样，都是依次、顺序地存放数组元素。关于多维数组的详细分析，还可以参看 2.6 节 "CPU 眼里的数组"。

所以，这种写法虽然正确，但误导性很强，有时候会让人更加不知所以。虽然它看上去更加精练，但考虑到可读性，真的不推荐使用。所以，清晰可见，阿布更愿意使用这样的写法：*（a[2]+1）。

好家伙，这不像是一道语法题，更像是一道计算题。回到正题，我们将接受这道题的第二个挑战，用双重指针的形式来读取字符 i。

或许你已经开始在回顾双重指针，也就是指针的指针的语法知识了。其实，如果想快速得到答案的话，是非常简单的。如 2.6 节 "CPU 眼里的数组" 所说，指针和数组在很多时候，是可以相互替代的。所以，我们可以直接把 a[2][1]，换成 p[2][1] 就可以了：

```
printf("%c",  p[2][1] );
```

但这怎么看，都像是在作弊，所以不同于刚才的反推模式，这次我们用双重指针正向推导一下读取字符 i 的过程。

首先，在函数 func 内部已经定义了一个双重指针 p，如 2.4 节 "CPU 眼里的指针变量" 所讲，双（N）重指针变量跟普通指针变量一样，也用来保存内存地址。

此时变量 p 保存的值，正是数组 a 的内存首地址，也就是首个数组元素 a[0] 的内存首地址。

如图 6-12 所示，字符串 hij 的内存首地址，保存在第三个数组元素 a[2] 里面。所以，我们要先做一下指针偏移，让它指向数组元素 a[2]，也就是让变量 p 的值等于数组元素 a[2] 所在的内存地址。

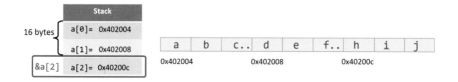

```c
void func()
{
    char *a[]={"abc","def", "hij"};
    char **p = a;

    printf("%c, _____p + 2_____);
}
```

```
1   .LC0:
2           .string "abc"
3   .LC1:
4           .string "def"
5   .LC2:
6           .string "hij"
7   func():
8           push    rbp
9           mov     rbp, rsp
10          mov     QWORD PTR [rbp-32], OFFSET FLAT:.LC0
11          mov     QWORD PTR [rbp-24], OFFSET FLAT:.LC1
12          mov     QWORD PTR [rbp-16], OFFSET FLAT:.LC2
```

图 6-12

需要注意的是，尽管 a[0] 到 a[2] 之间相隔了 16 字节，但我们只需要将变量 p 加 2 就可以完成 16 字节的偏移。

原因如 2.4 节 "CPU 眼里的指针变量" 所讲，指针的加减运算跟指针变量的类型有关。因为变量 p 保存的是指针类型的数据，也就是内存地址的数值，而在 64 位的 CPU 环境下，每个内存地址会占据 8 字节。

所以，变量 p 每加 1 一次，就会移动 8 字节，只需要加 2，就可以到达 a[2] 所在的内存位置。

获得了 a[2] 的内存地址后，通过指针的 * 读操作，即 *(p + 2)，就可以获得 a[2] 的值，也就是 0x40200c。这正是字符串 hij 所在的内存首地址。接着就是一样的操作了，做 1 字节的偏移，我们就可以得到字符 i 所在的内存地址，即 *(p + 2) + 1。

需要注意的是，此时的 *(p+2) 是字符类型的指针，字符类型只占用 1 字节。所以，这次的加 1 运算只会偏移 1 字节。

最后，对 i 所在的内存地址，做 * 读操作：

```c
printf("%c",  *(*(p + 2) + 1) );
```

就可以获取字符 i 的 ASCII 值。至此，答题完毕！需要特别注意的是，我们可以读字符 i，但千万不要去改写字符 i：

```c
*(*(p + 2) + 1) = 'x';
```

因为它极有可能保存在只读数据段，如 5.5 节 "CPU 眼里的常量" 所讲，在有 MMU 保护的情况下，会触发 segmentation fault 的错误。而在没有 MMU 保护的情况下，虽然程序不会立刻崩溃，但由于不易察觉的写入失败，可能导致程序产生预期外的结果。

> ● 总结
>
> 如果把内存分布图画出来的话，如图 6-13 所示。
>
>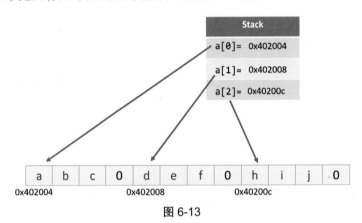
>
> 图 6-13
>
> 这道题并不难，但如果在解答过程中把数组和指针两种形式混合搭配的话，会导致这道题的正确答案非常多。或许，这也是该题在网上众说纷纭、但又很难定论的原因吧。
>
> 同时，阿布认为这道题本身出得不够厚道。我可以理解这道题是为了考查指针，但如果能非常明确地告诉大家这 3 个字符串是存放在数据段，而不是在函数堆栈里面就更好了，也就是把题目设计成这个样子：
>
> ```
> const char* a1 = "abc";
> const char* a2 = "def";
> const char* a3 = "hij";
>
> void func()
> {
>     const char *a[]={a1, a2, a3};
> }
> ```
>
> 我相信，把规则明确后，很多同学都可以解出这道题。当然，或许这道题也是在提醒我们，不能只停留在语法的层面分析问题，还需要用全面的视角去观察程序的运行细节。
>
> 最后，不得不说，这道题的代码风格非常晦涩，可读性很差，除了考试，或许并不适合用于实际的软件开发中。

● 热点问题

Q1： 数组和双重指针，哪种方式的读写方式更快呢？

A1： 通常数组的方式，效率更高。因为指针的方式，首先要先读一下指针变量的值，也就是要先获得某个数组元素的地址；其次通过地址偏移找到目标字符的地址；最后，才能对该内存地址做读、写操作。

而数组的方式，就不需要指针变量的参与，编译器可以直接针对数组元素的地址进行读、写操作。当然，两种方式之间，往往只有几条 CPU 指令的差异。

Q2： 指针是通过寄存器间接寻址实现的，所以只要了解寄存器间接寻址，就可以完全弄懂指针吗？

A2： 这可能是一种误读。寄存器间接寻址未必是指针变量和普通变量的主要差异，如图 6-14 所示。

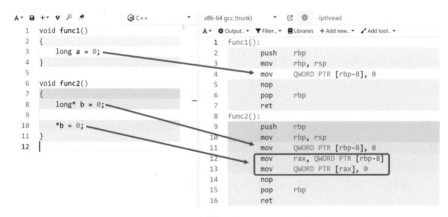

图 6-14

无论是对普通变量 a 赋值，还是对指针变量 b 赋值，它们对应的 CPU 指令都是一样的，采用的都是中括号的形式为某一个内存赋值 0，这种方式就是大家常说的寄存器间接寻址。

而指针特有的 * 操作，不过是进行了两次寄存器间接寻址来实现而已。

所以，指针并没有使用什么特殊的 CPU 指令，造成指针学习困难的原因是多方面的，我们会在 6.3 节 "指针为什么这么难" 中，做进一步的探讨。

6.3 指针为什么这么难

● 提出问题

这不是一道面试题，但在经历过大量关于指针的考试、笔试后，我们可能会有一个疑问，为什么指针这么难以掌握呢？甚至有时候，概念已经足够清晰了，但在应对一些生僻的题目时，仍然没有十足的把握。

● 学习指针的困境

或许有 3 个原因，导致指针的学习非常困难。

（1）对指针的解释方法过于同质化，很难从多个维度全面地认识指针。

（2）读者对当前的主流解释，接受度一般。通常，我们喜欢用类比的方法来解释指针的工作原理。但类比的方法就像一把双刃剑，用得好，可以把复杂问题简单化；用得不好，会把问题弄得更复杂。

（3）指针和数组，经常在代码中混用。有时候把指针当数组用，有时候又把数组当指针用，这让指针的规则进一步的模糊。

● 指针的普通性和特殊性

本书一直试图谨慎使用类比的方法，而尽量从CPU的视角，客观地看待指针。所以，我们总是在反复强调，指针变量跟普通变量并没有本质区别，它们都是某个内存地址的别名。

只是普通变量，往往存储像 0x1、0x0002、0x00000003、0x00000004 这种用于做数学计算的数值。

而指针变量，往往存储像 0x00000001、0x00000002、0x00000003、0x00000004 这种内存地址的数值。假设这里是 32 位的 CPU，每个内存地址占用 4 字节的长度。

如果我不告诉你，你应该无法知道 0x00000004 是指针变量保存的数值，还是普通变量保存的数值。无论相信与否，CPU 并不知道哪个是普通变量、哪个是指针变量。"指针"是为了便于理解，我们自己造的一个词。但事与愿违，它似乎并没有让"指针"更加容易理解。

所以，与其这样，还不如返璞归真地告诉读者：变量也可以用来保存内存地址，这时我们也叫这个变量为指针。

那问题来了，为什么指针变量保存的内存地址如此特殊？如此特别？如此让人不省心？其实原因非常简单，如果有人在广告墙上写133445566，你可能会不以为然，但如果133445566是你的身份证号码、或者是你的手机号码，你会作何感想？你觉得你一天会接到多少个陌生来电？

或许你觉得这很牵强，一个是个人隐私，一个是内存地址的数值，两者能混为一谈吗？请问：一个内存块最重要且唯一的"个人隐私"是什么？显而易见，就是内存地址！

而各种关于指针的问题，不过是在用各种方法套取某一段内存的内存地址。这个内存地址，可能是某个变量的内存地址，也可能是某个函数的内存地址，或可能是操作系统内核的内存地址……一旦获得内存地址，就可以通过指针的 * 操作来读、写内存。如果此时，你已经忘记或弄混了这个内存地址的合法性后，往往会得到一个熟悉的段错误（segmentation fault）。这有点像你所使用的数据133445566是非法值，从而导致系统查无此人，或拨打过去的是空号。

● 多重指针

指针的衍生型号很多，尽管还是用来保存内存地址，但还是衍生出了双重指针、3重指针、N重指针。其实无论是普通指针变量，还是多重指针变量，它们保存的数据仍然是某一块内存的内存地址。但一个普通指针，只会涉及一个内存地址；一个双重指针，则会涉及2个内存地址；一个3重指针，则会涉及3个内存地址……任何一个环节出错，都可能导致段错误。

很多编译型的语言，并不需要如此复杂的指针概念，而且往往N重指针能解决的问题，普通指针也能解决。个人建议，在实际使用多重指针的时候，不要超过2重。

● 数组、指针的混用

或许是为了方便，数组和指针经常混用，6.2节"数组和双重指针"，就是一个最典型的例子。往往一个简单答案的背后，隐藏着巨大的细节和很多容易被人忽视的知识点。

如果多重指针再加上跟数组混用的话，很可能让代码更难以阅读。虽然这种情况是可以通过编码规范来解决的，但遗憾的是，很多考试题、笔试题，似乎特别喜欢这种写法，似乎觉得只有这样才能考查出应试者的编程功底。

这真的是一个很让人无语、矛盾的现象。一方面要求大家务必遵守编码规范，另一方面又不惜使用严重违反编码规范的代码来评判应试者。

● 总结

总的来说，造成指针难以掌握的原因是多方面的。可能各种奇葩的指针题目，还会被源源不断地创造出来。但我们或许可以不变应万变，采用适合的工具，例如 Compiler Explorer，从底层或 CPU 的视角，研判每一行代码的真实意图，从而帮助我们跨越过指针这座大山。

6.4　auto 的工作原理

● 提出问题

如今大红大紫的 JavaScript 是弱类型语言，所以在定义变量和函数的时候，连变量类型都不需要。

这在一定程度上，让程序员把更多精力集中在程序功能上，从而提高了编程效率。如果 C/C++ 有这种特性，会不会提高效率呢？求风得风，C++ 也为我们安排了一个相似的特性 auto。简单地说，auto 像是一个万能变量类型，任何被定义成 auto 的数据类型，编译器都可以通过其初始值来推导出它的真正类型。

那么，你能讲述清楚 auto 的实现原理和优缺点吗？

● 代码分析

例如，我们定义一个简单的变量 a：

```
int a = 1;
```

如 2.2 节 "CPU 眼里的变量" 所讲，为了让编译器知道变量 a，需要占用多少字节长度。我们需要明确地告知变量 a 的数据类型。

但显然在这种情况下，我们即使不告诉编译器变量 a 的数据类型，编译器也完全可以根据它的初值 1，推导出变量 a 的数据类型，可能是 int、unsigned int、short 等，如图 6-15 所示。

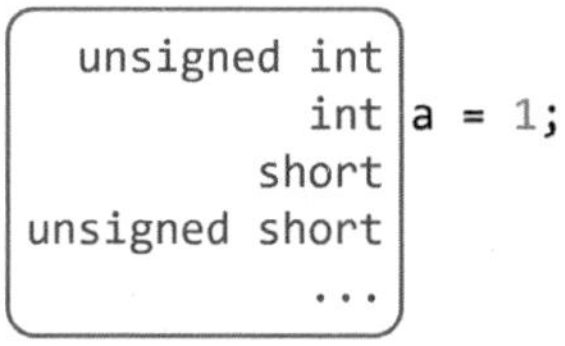

图 6-15

具体选用哪种类型，跟编译器的实现有关。就这个实例而言，我们用存 auto 来替换 int 关键字，是完全够用的：

```
auto a = 1;
```

不过，由于 auto 比 int 还多一个字符，这看上去并没有让程序代码变得更简单。那让我们再看一个函数指针的例子：

```
typedef void(*func_ptr)();

void func1(){}

void func2(func_ptr func)
{
    func();
}

int main()
{
    func_ptr pfunc = func1;

    pfunc();
    func2(pfun);
}
```

这是一个常规的函数指针代码，首先 typedef 一个函数指针的类型；其次定义一个实体的函数 func1，用来作被调用的函数；最后定义一个参数是函数指针的函数 func2，这个函数指针，常被用作回调函数。

再定义一个函数指针的变量 pfunc，最后做一下函数指针的调用和函数的 func2 的调用。

再比较 auto 的版本：

```
void func1(){}
void func2(auto func)
```

```
{
    func();
}

int main()
{
    auto pfunc = func1;

    pfunc();
    func2(pfunc);
}
```

首先那个奇怪的 typedef 就不需要了；实体函数 func1 不需要调整；而用到回调函数的 func2，就可以将它的参数部分直接简化成 auto；最后，定义函数指针的变量，也可以被简化成 auto。

两者对比一下，是不是发现使用 auto 的版本，干净、清爽很多呢？不仅如此，在使用 C++ 标准库的时候，为了避免冗长的类型定义，使用 auto 也是一个不错的选择。这是标准代码：

```
#include<string>
#include<vector>

int main()
{
    std::vector<std::string>strings;

    for(std::vector<std::string>::iterator it = strings.begin(); it
!= strings.end(); it++)
    {

    }
}
```

这是使用 auto 后的代码：

```
#include<string>
#include<vector>

int main()
{
    std::vector<std::string>strings;

    for(auto it = strings.begin(); it != strings.end(); it++)
    {

    }
}
```

是不是简洁很多，更有可读性呢？是不是还觉得哪里不对？既然 auto 能适应任意变量，那么对于模板、泛型，是不是 auto 也可以行呢？跟 4.5 节 "CPU

眼里的模板"一样，先写一个最简单的加法函数的模板，随后，分别做一下 int
类型和 float 类型的模板函数调用：

```
template<typename T>
T add(T x, T y)
{
    return(x + y);
}

int main()
{
    add<int>(1, 2);
    add<float>(1.1, 2.2);
}
```

好了，我们再看看 auto 版本：

```
auto add_auto(auto x, auto y)
{
    return x + y;
}

int main()
{
    add_auto(1, 2);
    add_auto(1.1f, 2.2f);
}
```

定义模板的代码就不需要了，直接进入函数定义，把 T 换成 auto 即可。函
数调用部分，直接传递参数即可。

对比一下两份代码，是不是 auto 的版本更加干净、整洁呢？那功能有保障
吗？虽然语法规则通过了，但底层实现会不会有什么不同呢？让我们比较两个
版本对应的 CPU 指令，如图 6-16 所示。

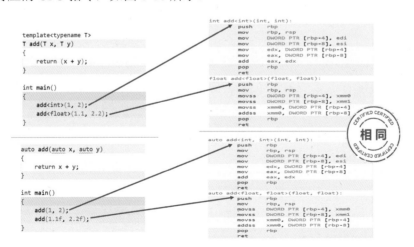

图 6-16

221

如你所见，它们的 CPU 指令完全一致！auto 版本会跟 template 的版本一样。也会偷偷地生成两个函数版本，一个用于做 int 类型的加法；一个用于做 float 类型的加法。感觉编译器也在做代码复用。要是这么玩的话，有了 auto，template 看上去都有点不香了。

但不得不说，C++ 的 auto 机制相比 JavaScript，还相对简单。在安全性和兼容性方面，还不能完全放手不管。特别是在用 auto 代替引用类型的时候，需要特别小心。

例如，我们定义一个全局变量 a，然后写一个函数 get 返回这个全局变量的引用，最后写一个 main 函数，调用函数 get：

```c
#include<stdio.h>

int a = 1;

int& get()
{
    return a;
}

int main()
{
    auto r = get();
    r = 2;
    printf("a = %d", a);//output a = 1;
}
```

如果我们试图修改引用变量 r，把变量 a 的值从 1 改成 2 的话那是不行的！为了让 auto 知道它在代替一个引用的变量，我们必须给 auto 手动地加上 & 符号：

```c
int main()
{
    auto& r = get();
    r = 2;
    printf("a = %d", a);//output a = 2;
}
```

这样，才能让 auto 正确地去替代一个引用变量，从而顺利地改变变量 a 的值。

● 总结

（1）auto 在一定程度上，会简化程序代码，增加代码的可读性。

（2）auto 在一定程度上，可以减少代码对数据类型的依赖，从而提高代码的稳定性和重构效率、扩展效率。

（3）过度使用 auto，也可能适得其反，因为 auto 并不能提供足够的类型信息，当推理过程过于复杂时，反而会损失代码的可读性。如果只是简单地用 auto 定义一个有初值的变量，请放心使用 auto。但如果用 auto 替代指针和引用类型时，就可能产生一些非预期的错误，需要谨慎使用。

最后，弱类型和强类型哪个更为合理也颇有争议。虽然弱类型有很多问题，但其良好的易用性仍然让 JavaScript 年年可以轻松登顶编程语言排行榜。而号称专门用来改善 JavaScript 的弱类型缺点的 TypeScript，尽管跟 JavaScript 完全兼容，但影响力远远不如 JavaScript。

6.5 thread_local 的工作原理

● 提出问题

C++ 是一门神奇的语言，特别是从 C++ 11 版开始的新特性，颠覆了很多大家已经习以为常的语法规则，还提出一些新的挑战常识的语法规则。

即使一些资深的同学，也会被它杀个措手不及，所以这也让它成为面试题的好素材。例如，新的变量类型 thread_local 就是一个典型的代表。你说 thread_local 是临时变量吧，它的生命周期还很长，不会随着函数调用的结束而消失；你说 thread_local 是全局变量吧，但它又被各个线程私有，每个线程只能访问属于自己的 thread_local。

这种神奇的属性到底是怎么实现的呢？答案可能简洁得让人难以置信。

● 代码分析

打开 Compiler Explorer，首先定义一个"全局"的 thread_local 变量 a；其次写一个最简单的函数 func，并在里面定义一个"局部"thread_local 变量 b；再次，返回变量 b 的值；最后，写一个 main 函数，用来创建两个线程 t1、t2，它们都会调用函数 func，如图 6-17 所示。

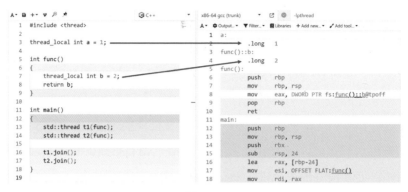

图 6-17

通过代码对应的 CPU 指令，我们可以很容易地看出，虽然关键字 thread_local 中有 local 字样，但它并不像普通的临时变量那样，每次要使用临时变量的时候，需要临时从线程堆栈中分配内存空间，从而导致每次打印出来的临时变量的地址，都有可能是不同的。具体细节，可以参看 6.1 节 "static vs global vs local"。

相反，无论 thread_local 变量是定义在函数 func 的内部还是外部，它们的内存地址都是固定的。

至于初始值，阿布相信它在线程创建的时候就被初始化好了。虽然也有说法声称它跟静态变量一样，都会第一次调用函数 func 的时候，对 thread_local 变量进行初始化。但如你所见，在函数 func 里面，CPU 并不会对 thread_local 的初始化代码做任何表示，几乎是视而不见。至少，我们找不到任何支持这种说法的依据。

所以，从这个角度上来看，thread_local 跟静态变量的属性还颇有点相似。那问题来了，这里有两个线程 t1、t2，它们如何区分各自的 thread_local 变量 a 和 b 呢？其实答案非常简洁，让我们关注返回变量 b 的值所对应的 CPU 指令，如图 6-18 所示。

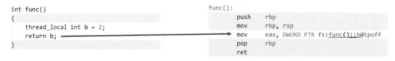

图 6-18

其中，eax 寄存器已经是老演员了，用来存储函数 func 的返回值。所以，很明显变量 b 所在的内存地址，是由寄存器 fs 加上一个偏移量计算而成的。

寄存器 fs 就记录了该线程，所有 thread_local 变量所在的内存块的首地址。因为不同的线程，它的上下文往往是不同的，所以对应的寄存器 fs 的值往往也是不同的。这样就非常巧妙地区分了线程 t1 和线程 t2 所私有 thread_local 变量 b。保证了线程 t1 在调用函数 func 时，只会操作线程 t1 的 thread_local 变量 b；线程 t2 在调用函数 func 时，只会操作线程 t2 的 thread_local 变量 b。

好了，让我们全面复盘一下整个过程，如图 6-19 所示。

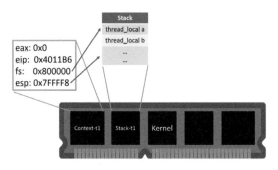

图 6-19

操作系统在创建线程 t1 的时候，操作系统会创建线程 t1 的上下文，并存储在最左边的内存颗粒（Context-t1）上。其中除了寄存器 eax、eip 的初值外，还有保存"堆栈"栈顶地址的寄存器 esp 和我们今天会用到的寄存器 fs。

随后，操作系统又给线程 t1 分配一块独有的内存块（Stack-t1），用来作它的线程"堆栈"。为了宣誓主权，让寄存器 esp 的初值等于该内存块的高端地址 0x7FFFF8。

如你所见，系统还是在"堆栈"的顶端预留了一点点空间。没错，它们就用来存储 thread_local 类型的变量 a 和 b。

同样，为了宣誓主权，让寄存器 fs 的初值等于这段内存块的首地址 0x800000。

同样的方法，操作系统也会为线程 t2 创建类似的、专属的数据结构和内存资源，如图 6-20 所示。

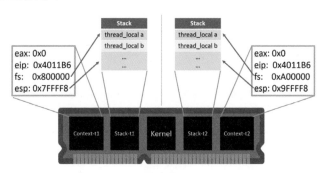

图 6-20

如你所见，线程 t2 的上下文跟线程 t1 的上下文是有区别的，特别是它们都拥有自己独立的"堆栈"内存，所以二者的寄存器 esp、fs 的初值也是不同的。

这样，当操作系统通过线程调度决定让线程 t1 运行时，就会将其上下文中的寄存器数值加载到 CPU 的相关寄存器中，并由寄存器 eip 引导 CPU 跳转到函数 func 处执行。函数的 func 的内存首地址为 x4011B6，如图 6-21 所示。

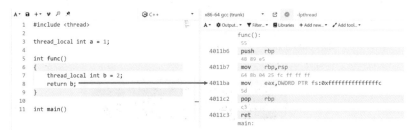

图 6-21

忽略前面两条，用于建立函数栈帧的 push 和 mov 指令。在执行返回操作的时候，通过寄存器 fs 配合偏移量就可以顺利找到线程 t1 专属的 thread_local 变量 b。

如果此时发生任务切换，操作系统会先保护好线程 t1 的上下文，并装载好线程 t2 的上下文，还是由寄存器 eip 引导 CPU 跳转到函数 func 处执行。

还是忽略前面两条建立函数栈帧的操作。在执行返回操作的时候，通过寄存器 fs 配合偏移量就可以顺利找到线程 t2 专属的 thread_local 变量 b。

至此，整个 thread_local 的工作原理讲述完毕。更多关于"上下文"切换的细节，还可以参看 5.8 节"CPU 眼里的上下文"。

一般来说，由于线程之间没有 MMU 的隔离，所以一个线程想访问其他线程的 thread_local 变量也并非不可能。在得到其他线程的 thread_local 变量地址后，就可以通过指针来"远程"读、写其他线程的 thread_local 变量。但这可不是设计的初衷考虑到代码的可读性，请不要这么作。

● 总结

（1）操作系统在创建线程的时候,除了会给每个线程创建函数"堆栈"，还会划出一部分区域来存储一个或多个 thread_local 变量。

（2）类似于用寄存器 esp 来标识线程当前"堆栈"栈顶的内存地址，

编译器也常用寄存器 fs 来标识所有 thread_local 变量，所在的内存首地址配合偏移量，就可以精确寻找到每一个 thread_local 变量。

这是非常聪明的设计，不仅实现起来非常简洁，而且几乎没有增加任何运行成本。

（3）thread_local 并非没有替代方案，例如在创建线程之前，我们可以申请一段内存块，交给该线程私用。并通过参数传递的方式，将内存首地址传递给该线程的主函数：

```
#include<thread>

int func(int* threadLocal)
{
    return *threadLocal;
}

int main()
{
    int* t1_local = new int(1);
std::thread t1(func, t1_local);
delete t1_local;
    t1.join();
}
```

当然，这显然没有 thread_local 来得简洁。不过，在享受代码简洁的同时，你也需要忍受它晦涩的语法规则。

最后，不同编译器或库函数，对 thread_local 的实现方式可能有所不同，但原理一致，殊途同归。

6.6　面试的技巧

● 常见问题

既然说了这么多面试题，我们就不得不提一下面试技巧这个问题。在面试过程中，最让人觉得尴尬的事情是什么？可能无外乎无法正确地回答面试官提出的问题，或者无法正确地完成笔试题。

阿布相信这是非常正常的事情。虽然硬实力固然重要，但即使我们完全领悟了所有教程的精髓和所有的知识点，这也不意味着我们的面试、笔试就能战无不胜。因为我们总会因为种种原因，遇见我们从未见过的题目或者无意中错误地处理了某些技术细节，甚至有些题目可能就没有标准答案。

● 应对技巧

那如何有效地提高我们的面试成功率呢？如何在我们可能无法正确回答问题的情况下，为自己争取一个通过面试的机会呢？或许以下几点，会对你有所帮助。

（1）尽量多地面试，丰富自己的面试经验。记下每次面试的得失，然后回来总结，对症下药。千万不要因为一次或多次的面试失败而沮丧。请记住，我们不需要次次面试都成功，我们只需要成功一次就好。任何一家单位，往往对你失败了多少次，都没有任何兴趣，它只对你成功的面试或工作、学习经历感兴趣。

（2）良好、平和的心态。虽然有人说笔试就是鄙视，但这真的是一个玩笑。面试的过程不是一个互相鄙视的过程，哪怕所有的题我们都会做，甚至我们的水平可能远远高于对方的面试官，这也不意味着我们可以鄙视对方，反之亦然。

实际上，面试的过程不仅是一个考验双方技术能力的平台，也是一个难得的沟通机会。要知道对方此时虽然是面试官，但未来也可能是你的同事。你希望自己的未来的同事是什么样子呢？是傲慢、恃才放旷？还是谦虚、平和呢？如果我们能在交流的过程中，表现出足够的尊重，让整个面试的过程是一个相对舒适的氛围。我想即使面试成绩不是最佳，也依然有录取的机会。

（3）耐心和互动的技巧。无论对方提出的问题难度如何，无论自己是否会做，都要耐心地听对方讲述完整个问题。当对方描述完问题后，我们还可以再跟对方，重复或核对一下问题，确保大家在同一个频道。需要注意的是，一些时候面试官对问题的描述也并非完全清晰。

好了，如果情况非常糟糕，这道题正好不会做，怎么办？如果一点头绪都没有，或者超出了自己的知识范围，可以考虑直接向对方解释，这个问题可能超出了自己工作或学习经验，并提供一些自己了解的相关知识给对方，看能不能在自己的知识范围内进行考察。

如果这道题并不是完全无法下手，例如是一道算法题，只不过由于种种原因，你很难在短时间内写出正确的代码。这个时候，我们千万不要因为害羞或尴尬而不说话。

相反，此时我们要尽量地多动嘴，虽然我们无法写出正确的代码，但这并不妨碍我们描述自己的解题思路，如果我们的表达足够清晰，一方面是在证明自己的表达、思维能力，另一方面还可能将对面的面试官拉进来一起讨论。通过有效的互动，即使我们无法写出正确或者最优的代码，也展示了自己的软实力，为面试官提供我们身上其他的加分项。

最后，在掌握这些技巧后，就需要大家的硬实力背书了，不同的行业对知识点的考察方向也不一样，例如嵌入式开发往往对底层的知识点考察较多，特别是一些软、硬结合的驱动知识和现实开发中遇到的真实案例分析。同时也希望面试者了解一些操作系统和网络协议的知识。而互联网开发，往往更偏重算法和系统设计。我们需要根据不同的技术方向，做相关的技术准备，祝大家面试顺利！